Von Terrorismusbekämpfung bis Klimaschutz

VÖLKERRECHT EUROPARECHT UND INTERNATIONALES WIRTSCHAFTSRECHT

Herausgegeben von Peter Hilpold und August Reinisch

Band 8

PETER LANG
Frankfurt am Main · Berlin · Bern · Bruxelles · New York · Oxford · Wien

Kirsten Schmalenbach
Wolfgang Benedek
(Hrsg.)

Von Terrorismusbekämpfung bis Klimaschutz

Beiträge zum
32. Österreichischen Völkerrechtstag 2007
in Altaussee

PETER LANG
Internationaler Verlag der Wissenschaften

Bibliografische Information der Deutschen Nationalbibliothek
Die Deutsche Nationalbibliothek verzeichnet diese Publikation
in der Deutschen Nationalbibliografie; detaillierte bibliografische
Daten sind im Internet über <http://www.d-nb.de> abrufbar.

Gedruckt mit Unterstützung des Bundesministeriums für
Wissenschaft und Forschung in Wien.

Gedruckt auf alterungsbeständigem,
säurefreiem Papier.

ISSN 1862-457X
ISBN 978-3-631-57901-5
© Peter Lang GmbH
Internationaler Verlag der Wissenschaften
Frankfurt am Main 2008
Alle Rechte vorbehalten.

Das Werk einschließlich aller seiner Teile ist urheberrechtlich geschützt. Jede Verwertung außerhalb der engen Grenzen des Urheberrechtsgesetzes ist ohne Zustimmung des Verlages unzulässig und strafbar. Das gilt insbesondere für Vervielfältigungen, Übersetzungen, Mikroverfilmungen und die Einspeicherung und Verarbeitung in elektronischen Systemen.

Printed in Germany 1 2 4 5 6 7

www.peterlang.de

Vorwort

Der 32. Österreichische Völkerrechtstag fand vom 21. bis 23. Juni 2007 im steirischen Altaussee, Salzkammergut, statt. Dieser idyllische Ort bot einen idealen Rahmen für die Vorträge und Gespräche der vom Institut für Völkerrecht und Internationale Beziehungen der Karl-Franzens-Universität Graz veranstalteten Begegnung. Wie in den Vorjahren waren Mitglieder aller österreichischen Völkerrechtsinstitute, Mitglieder verschiedener mit dem Völkerrechtstag verbundener deutscher Lehrstühle und Gäste mit Praktikern des Völkerrechts aus dem österreichischen Bundesministerium für europäische und internationale Angelegenheiten sowie anderer Ministerien zusammengetroffen, um aktuelle Fragen des Völkerrechts gemeinsam zu erörtern. Wie in der Vergangenheit war es auch diesem Völkerrechtstag ein Anliegen, NachwuchswissenschaftlerInnen in das Programm einzubeziehen.

Die drei thematischen Schwerpunkte betrafen eine Auseinandersetzung mit Maßnahmen gegen den Terrorismus aus der Sicht der Menschenrechte und des humanitären Völkerrechts, insbesondere die Gewährleistung des absoluten Folterverbotes im Kampf gegen den Terrorismus, Fragen der aktuellen Völkerrechtspraxis am Beispiel der Rechtsstellung von Missionen der Vereinten Nationen und ihres Personals und der Frage der Registrierung der Interpol-Verfassung bei den Vereinten Nationen durch Österreich sowie das völkerrechtliche Umweltrecht mit Beiträgen zum Montreal-Protokoll, dem Protokoll von Kyoto, zur europäischen Klimastrategie und zum Rechtseinhaltungsregime im internationalen Umweltrecht. Hervorzuheben ist auch die interessante Präsentation von Herrn Staatssekretär Dr. Hans Winkler über die österreichische Kandidatur für einen nicht-ständigen Sitz des Sicherheitsrates, die hier nicht aufgenommen werden konnte.

Die Tagung fand im Kurhaus von Altaussee statt, in dem auch das Barbara Frischmuth gewidmete Literaturmuseum untergebracht ist, ein wahrhaft schöner Rahmen für die Veranstaltung.

Die Veranstalter danken allen UnterstützerInnen und SponsorInnen, insbesondere dem österreichischen Bundesministerium für europäische und internationale Angelegenheiten, dem Land Steiermark, der GRAWE, der HYPO Steiermark sowie den Rechtsanwaltskanzleien Kaan Cronenberg & Partner, Graf & Pitkowitz und Griss & Partner für ihre Unterstützung, die zum Gelingen des Völkerrechtstages wesentlich beigetragen hat. Wir danken auch allen ReferentInnen, die sich für die Tagung zur Verfügung gestellt haben und deren Beiträge in diesem Tagungsband enthalten sind. Schließlich danken wir dem Sekretariat und allen MitarbeiterInnen des Instituts für Völkerrecht und Internationale Beziehungen der Karl-Franzens-Universität Graz, ohne deren selbstlosen Einsatz diese Tagung nicht möglich gewesen wäre. Insbesondere danken wir Mag. Matthias C. Kettemann, Mag.[a] Lisa Heschl, Mag. Gabriel Amann sowie Doris Hüttner für Ihren Einsatz bei der Fertigstellung dieser Publikation.

Graz, im Frühjahr 2008 *Kirsten Schmalenbach*
Wolfgang Benedek[*]

---

[*] Univ.-Prof. Mag. Dr. *Wolfgang Benedek* lehrt Völkerrecht und das Recht Internationaler Organisationen am Institut für Völkerrecht und Internationale Beziehungen der Karl-Franzens-Universität Graz und ist Direktor des Europäischen Trainings- und Forschungszentrums für Menschenrechte und Demokratie in Graz. Univ.-Prof. Dr. *Kirsten Schmalenbach* lehrt Völker- und Europarecht am Institut für Völkerrecht und Internationale Beziehungen der Karl-Franzens-Universität Graz.

Inhaltsverzeichnis

Autoren- und Herausgeberverzeichnis IX

Abkürzungsverzeichnis XI

Teil I: Terrorismusbekämpfung

Ferdinand Trauttmansdorff
Maßnahmen gegen den Al Kaida-Terrorismus, Menschenrechte und humanitäres Recht – Dialog EU-USA 3

Manfred Nowak und Roland Schmidt
Das absolute Folterverbot – Aktuelle Herausforderungen im Kampf gegen den Terrorismus 33

Renate Kicker
Folter und Terrorismus: Herausforderung für das CPT 51

Teil II: Völkerrechtliche Praxis Österreichs

Philip Bittner
Die Rechtsstellung von VN-Missionen und ihres Personals – Die rechtlichen Beziehungen zwischen Entsendestaat und entsandtem Personal am Beispiel Österreichs 61

Helmut Tichy
Frage der Registrierung der Interpol-Verfassung bei den Vereinten Nationen durch Österreich 75

Teil III: Internationaler Klimaschutz

Yvonne Schmidt
Das Montreal Protokoll über Stoffe, die zu einem Abbau der Ozonschicht führen 85

Gerhard Loibl
Rechtseinhaltungsregime („Compliance procedures and mechanisms") im internationalen Umweltrecht 99

Gerhard Schnedl
Europäische Klimastrategie 113

Gertraud Wollansky
Das Protokoll von Kyoto und seine weitere Entwicklung 137

Autoren- und Herausgeberverzeichnis

Wolfgang Benedek
Univ.-Prof. Mag. Dr. Wolfgang Benedek lehrt Völkerrecht und das Recht Internationaler Organisationen am Institut für Völkerrecht und Internationale Beziehungen der Karl-Franzens-Universität Graz und ist Direktor des Europäischen Trainings- und Forschungszentrums für Menschenrechte und Demokratie in Graz.

Philip Bittner
Dr. Philip Bittner war im Völkerrechtsbüro des Bundesministeriums für europäische und internationale Angelegenheiten tätig.

Renate Kicker
Ass.-Prof. DDr. Renate Kicker lehrt Völkerrecht am Institut für Völkerrecht und Internationale Beziehungen der Karl-Franzens-Universität Graz und ist Vizepräsidentin des Europäischen Ausschusses zur Verhütung von Folter und unmenschlicher oder erniedrigender Behandlung oder Strafe.

Gerhard Loibl
Univ.-Prof. Dr. Gerhard Loibl, LL.B., lehrt Völkerrecht und Europarecht an der Diplomatischen Akademie Wien und der Universität Wien.

Manfred Nowak
Univ.-Prof. Dr. Manfred Nowak lehrt Internationalen Menschenrechtsschutz an der Universität Wien und ist Leiter des Ludwig Boltzmann Instituts für Menschenrechte, Wien, sowie Sonderberichterstatter der Vereinten Nationen für Folter.

Kirsten Schmalenbach
Univ.-Prof. Dr. Kirsten Schmalenbach lehrt Völker- und Europarecht am Institut für Völkerrecht und Internationale Beziehungen der Karl-Franzens-Universität Graz.

Roland Schmidt
MMMag. Roland Schmidt ist wissenschaftlicher Mitarbeiter am Ludwig Boltzmann Institut für Menschenrechte in Wien.

Yvonne Schmidt
Mag. Dr. Yvonne Schmidt ist wissenschaftliche Mitarbeiterin am Institut für Völkerrecht und Internationale Beziehungen der Karl-Franzens-Universität Graz.

Gerhard Schnedl
Ass.-Prof. Mag. Dr. Gerhard Schnedl lehrt am Institut für Österreichisches, Europäisches und Vergleichendes Öffentliches Recht, Politikwissenschaft und Verwaltungslehre der Karl-Franzens-Universität Graz.

Helmut Tichy
Botschafter Dr. Helmut Tichy ist Leiter der Völkerrechtsabteilung im Bundesministerium für europäische und internationale Angelegenheiten.

Ferdinand Trauttmannsdorf
Botschafter Dr. Ferdinand Trauttmansdorff ist Leiter des Völkerrechtsbüros im Bundesministerium für europäische und internationale Angelegenheiten.

Gertraud Wollansky
Dr. Gertraud Wollansky ist stellvertretende Abteilungsleiterin der Abteilung Immissions- und Klimaschutz im Bundesministerium für Land- und Forstwirtschaft, Umwelt und Wasserwirtschaft.

Abkürzungsverzeichnis

AAUs	Assigned Amount Units
ABl.	Amtsblatt
Abs.	Absatz
ACEA	Dachverband der europäischen Automobilindustrie
AfrMRK	Afrikanische Menschenrechtskonvention
AGBM	Ad hoc Group on the Berlin Mandate
AMRK	Amerikanische Menschenrechtskonvention
AP	Assessment Panel
Art.	Artikel
ATCSA	Anti-Terrorism, Crime and Security Act
BGBl.	Bundesgesetzblatt
BOI	Board of Inquiry
B-VG	Bundes-Verfassungsgesetz
bzw.	beziehungsweise
CAHDI	Committee of Legal Advisors on Public International Law
CDM	Clean Development Mechanism
CER	Certified Emission Reduction
CIA	Central Intelligence Agency
COJUR	Ratsarbeitsgruppe der Europäischen Union für Völkerrechtsfragen
COP	Conference of Parties
CPT	Europäischer Ausschuss zur Verhütung von Folter und unmenschlicher oder erniedrigender Behandlung oder Strafe
d. h.	das heißt
DROI	Menschenrechtsunterausschuss des Europäischen Parlaments
ECCP	European Climate Change Programm
ECOSOC	Economic and Social Council
EEAP	Environmental Effects Assessment Panel
EGMR	Europäischer Gerichtshof für Menschenrechte
EMRK	Europäische Konvention zum Schutze der Menschenrechte und Grundfreiheiten
ERUs	Emission Reduction Units
ETS	European Treaty Series
EU	Europäische Union
EWG	Europäische Wirtschaftsgemeinschaft
ExCom	Exekutivkomitee
FCKW	Fluor-Chlor-Kohlenwasserstoff
FKW	Fluor-Kohlenwasserstoff
FN	Fußnote
GA 3	Gemeinsamer Artikel 3 der Genfer Konventionen
GASP	Gemeinsame Außen- und Sicherheitspolitik

gem.	gemäß
GK	Genfer Konvention(en)
HFKW	teilfluorierte Kohlenwasserstoffe
Hrsg.	Herausgeber
ICAO	International Civil Aviation Organization
ICC	International Criminal Court
ICPO	International Criminal Police Organization
idF	in der Fassung
idgF	in der geltenden Fassung
IET	Internationaler Emissionshandel
IGH	Internationaler Gerichtshof
IHL	Humanitäres Völkerrecht
IKRK	Internationales Komitee vom Roten Kreuz
ILC	International Law Commission
ILO	International Labour Organization
IMO	International Maritime Organization
insb.	insbesondere
Interpol	International Criminal Police Organization
IPBPR	Internationaler Pakt über bürgerliche und politische Rechte
IPCC	Intergovernmental Panel on Climate Change
iVm	in Verbindung mit
JI	Joint Implementation
KFOR	Kosovo Force
KSE-BVG	Bundesverfassungsgesetz über Kooperation und Solidarität bei der Entsendung von Einheiten und Einzelpersonen in das Ausland
KWK	Kraft-Wärme-Kopplung
LDC	Least Developed Countries
lit.	litera
MBG	Militärbefugnisgesetz
MCA	Military Commissions Act
MLF	Multilateral Fund for the Implementation of the Montreal Protocol
MOP	Meeting of Parties
MR	Menschenrechte
NATO	North Atlantic Treaty Organization
NGO	Non-Governmental Organization
OPLAN	Operational Plan
OSZE	Organisation für Sicherheit und Zusammenarbeit in Europa
OZS	ozonschädigende Substanzen
PFKW	perfluorierte Kohlenwasserstoffe
PTA	Prevention of Terrorism Act
RJD	Reports of Judgments and Decisions of the European Court of Human Rights

RL	Richtlinie
Rz	Randzahl
s.	siehe
SAP	Scientific Assessment Panel
Sect.	Section
SF_6	Schwefelhexafluorid
SIDS	Small Island Developing States
SOFA	Status of Forces Agreement
sog.	sogenannt
SOP	Standard Operating Procedure
SRSG	Special Representative of the Secretary-General
StGB	Strafgesetzbuch
stv.	stellvertretend
s. u.	siehe unten
SVN	Satzung der Vereinten Nationen
TACT	Terrorism Act
TEAP	Technology and Economic Assessment Panel
UCMJ	Uniform Code of Military Justice
UN	United Nations
UNECE	United Nations Economic Commission for Europe
UNEF	United Nations Emergency Force
UNEP	United Nations Environment Programme
UNFCCC	United Nations Framework Convention on Climate Change
UNFICYP	United Nations Peacekeeping Force Cyprus
UNIDO	United Nations Industrial Development Organization
UNMIK	United Nations Mission in Kosovo
UNO	United Nations Organisation
UNSF	United Nations Security Force
USA	United States of America
u. U.	unter Umständen
vgl.	vergleiche
VN	Vereinte Nationen
vs.	versus
WMO	World Meteorological Organization
Z	Zahl, Ziffer
z. T.	zum Teil
zit.	zitiert
ZP	Zusatzprotokoll

Teil I
Terrorismusbekämpfung

Maßnahmen gegen den Al Kaida-Terrorismus, Menschenrechte und humanitäres Recht – Dialog EU-USA

Ferdinand Trauttmansdorff[*]

A. Der Dialog

Im Februar 2006, also gleich nach Beginn der österreichischen EU-Ratspräsidentschaft, wurde ein neues Element der transatlantischen Partnerschaft eingeführt: der Dialog zwischen dem Rechtsberater des US State Department, *John Bellinger III*, und seinen europäischen Kollegen über Fragen der völkerrechtskonformen Bekämpfung des globalen Terrorismus vom Typ Al Kaida.

Mit diesem Dialog erreichte die inhaltliche Diskussion unter den Völkerrechtspraktikern zu dieser Thematik, aber letztlich auch über sie hinaus eine neue Qualität. Das galt sowohl für die Kontakte zwischen den europäischen Rechtsberatern und ihren amerikanischen Kollegen als auch parallel dazu für die Diskussion unter den EU-Partnern.

Gegenstand des Dialoges waren von Beginn an Rechtsschutzfragen im Zusammenhang mit den Praktiken der US-Regierung unter Präsident *George W. Bush*, die auf politischer Ebene unter dem Begriff „War on Terror" zusammengefasst wurden. Symbol der Kritik an diesen Praktiken blieb bis heute die Situation der auf dem US-Militärstützpunkt in Guantánamo internierten Häftlinge.

B. Die Situation zu Beginn des Dialogs

Eingeweihten musste zu diesem Zeitpunkt eine Zusammenarbeit der Rechtsdienste in diesen Fragen als natürlicher Vorgang innerhalb der transatlantischen Kooperation und daher als keineswegs ungewöhnlich erscheinen. Es war bekannt, dass es vor allem nach dem 11. 9. 2001 eine engere Zusammenarbeit zwischen amerikanischen und europäischen Sicherheitsbehörden bei der Bekämpfung des globalen, transnationalen Terrorismus vom Typ Al Kaida gab. Diese Form der Terrornetzwerke und ihre effektive Bekämpfung stellten aber auch eine klare Herausforderung für die gemeinsame Rechts- und vor allem Menschenrechtstradition dar. Dies wurde spätestens dann offenbar, als die von der US-Regierung angewandten Praktiken beiderseits des Atlantiks, vor allem aber in Europa und hier von Seiten der NGOs und Menschenrechtsaktivisten unter

---

[*] Botschafter Dr. *Ferdinand Trauttmansdorff* ist Leiter des Völkerrechtsbüros im Bundesministerium für europäische und internationale Angelegenheiten.

massive, von den Medien verstärkte Kritik gerieten. Von dieser Kritik war bald auch die Handlungsfähigkeit der Sicherheitsbehörden bei der Terrorbekämpfung betroffen. Während diese Kritik von deutlichen anti-amerikanischen Untertönen begleitet wurde, machte sie auch deutlich, dass die Glaubwürdigkeit der amerikanischen Rechtsstaatlichkeit nachhaltig beschädigt worden war.

Daher wäre von Anfang an eine mit der Zusammenarbeit im Sicherheitsbereich parallel laufende Abstimmung der Rechtsdienste beiderseits des Atlantiks zu erwarten gewesen. Dennoch fand eine solche Abstimmung zwischen EU und USA – individuelle Kontakte ausgenommen – bis zum Beginn des erwähnten Dialoges Anfang 2006 nicht statt.

Ende 2005 erreichten die Diskussionen um angebliche „CIA-Gefangenenflüge" und geheime Anhaltelager endgültig die Schlagzeilen der meisten europäischen Medien. Das Gleiche galt mehr oder weniger gleichzeitig auch für das Anhaltelager in Guantánamo, die von den US-Behörden angewandten Praktiken und die darauf anwendbaren rechtlichen Rahmenbedingungen. Die Mediendiskussion und die gleichzeitig begonnenen Untersuchungen im Rahmen des Europarates zeigten zu dieser Zeit bereits klar, dass sich in Fragen einer menschenrechtskonformen Terrorbekämpfung tiefe Gräben zwischen den transatlantischen Partnern aufgetan hatten. Bei ihrem Europabesuch im November 2005 hatte Secretary of State *Condoleezza Rice* bereits sichtlich Mühe, den europäischen Partnern den US-amerikanischen Umgang mit dem weltweiten Verbot der Folter und der Verpflichtung zur Verhinderung der grausamen, unmenschlichen und entwürdigenden Behandlung und Strafe plausibel zu machen.[1]

Der im Jänner 2006 präsentierte erste Bericht des Berichterstatters der parlamentarischen Versammlung des Europarats, *Dick Marty*, zum Verdacht illegaler Gefangenentransporte und von Geheimgefängnissen in Europa[2] führte zu massiven Medienvorwürfen betreffend die angebliche rechtswidrige Mitwirkung europäischer Staaten an den illegalen Praktiken von Geheimdiensten der USA. Etwa zur selben Zeit weigerten sich Univ.-Prof. *Manfred Nowak*, der VN-Sonderberichterstatter gegen die Folter, und vier weitere VN-Sonderberichterstatter, der Ein-

---

1 S. Art. 1, 2 und 16 der Konvention gegen Folter und andere grausame, unmenschliche oder erniedrigender Behandlung oder Bestrafung vom 10. 12. 1984. Die Ausdehnung der Geltung des Verbots von grausamer, unmenschlicher und erniedrigender Behandlung oder Bestrafung im Sinne des Art. 16 der Konvention auf alle Individuen „in the custody or under the physical control of the US Government, regardless of nationality or physical location" wurde erst im sog. McCain-Amendment, aufgenommen im National Defense Appropriation Act for Fiscal Year 2006 (P.L. 109-162) vom 6. 1. 2006, festgelegt.
2 Europarat-Dokument AS/Jur (2006) 03 rev. vom 22. 1. 2006.

ladung der US-Administration Folge zu leisten, das Lager in Guantánamo zu besuchen, da kein ungehinderter und unbeobachteter Zugang zu den Gefangenen garantiert wurde.[3]

Trotz der massiven Medienpräsenz dieser Themen und dem sich daraus ergebenden Druck auf die Regierungen beiderseits des Atlantiks gab es jedoch zunächst zwischen den für Völkerrechts- und Menschenrechtsfragen zuständigen Rechtsberatern der USA und Europas keine substantielle Abstimmung der Standpunkte oder auch nur Diskussionen auf breiterer Basis. *John Bellinger* selbst brachte es bei der ersten Begegnung im Februar 2006 auf den Punkt, als er bedauerte, dass es nach den Ereignissen des 11. Septembers mehr als vier Jahre dauern musste, bis die Rechtsberater beiderseits des Atlantik einen Dialog bzw. auch nur ein substantielles Gespräch auf höherer Ebene über die menschen- und humanitärrechtlichen Rahmenbedingungen des Kampfes gegen den globalen Terrorismus begonnen haben.

Auch unter den europäischen Rechtsberatern, etwa im Rahmen der juristischen Ratsarbeitsgruppe COJUR[4] oder der analogen Arbeitsgruppe im Rahmen des Europarates (CAHDI) – an letzterer nimmt der US-Rechtsberater regelmäßig als Beobachter teil – wurde eine der hitzigen Mediendiskussion auch nur einigermaßen angemessene substantielle Diskussion dieser heiklen Themen in offener Sitzung jahrelang weitgehend vermieden. Dies entsprach offenbar der Tradition der Völkerrechtsjuristen, ihre meist längerfristig und grundsätzlich angelegten Beratungen aus der Tagespolitik heraus zu halten.

Zwar wurden auf politischer Ebene unter dem Druck der Medien und NGOs relativ rasch Argumente gefunden, um dem öffentlichen Vorwurf der Kooperation europäischer Staaten mit illegalen amerikanischen Praktiken entgegen zu treten. Insbesondere wurde die allgemeine Forderung gebetsmühlenartig wiederholt, dass die völkerrechtlichen und insbesondere menschenrechtlichen Grundsätze und Regeln und der unserer gemeinsamen Rechtstradition entsprechende Rechtsschutz jedenfalls einzuhalten sind und eingehalten werden.

In den sich gegenseitig überbietenden öffentlichen Forderungen wurde etwa das Folter- und Misshandlungsverbot *de facto* zum universellen *jus cogens* erhoben, Sicherstellungen durch diplomatische Vereinbarungen („diplomatic assurances") zur Vermeidung von Misshandlungen bei Abschiebung in Länder mit Folterge-

---

3 S. Human Rights Experts Issue Joint Report on Situation of Detainees in Guantánamo Bay, UN Press Release vom 16. 2. 2006.
4 Ratsarbeitsgruppe der Europäischen Union für Völkerrechtsfragen, an der normalerweise die Rechtsberater der Außenministerien der Mitgliedsstaaten teilnehmen.

fahr generell verpönt, „geheime" Überstellungen von gefangenen Terrorverdächtigen („extraordinary renditions"[5]) und Überflüge in diesem Zusammenhang rundweg ebenso wie „Geheimgefängnisse" kriminalisiert. Die Anwendbarkeit des Paktes über bürgerliche und politische Rechte von 1966 wurde *de facto* als universell angesehen, ebenso wurde das humanitäre „Genfer" Recht als eigentlich geschlossenes Rechtsschutzsystem im humanitären und kriegsrechtlichen Bereich angesehen. Erst mit Beginn des transatlantischen Dialogs wurde auch EU-intern an die juristische Koordination und damit an die inhaltliche Ausgestaltung und Präzisierung der erwähnten allgemeinen Grundsätze und Aussagen ernsthaft herangegangen. Dies gilt auch für die Hinterfragung solcher Aussagen, die für juristische Augen zum Teil apodiktisch anmuteten. Ab Beginn 2006 wurde dann die Forderung nach einer Schließung des Lagers in Guantánamo immer unmissverständlicher gestellt.[6]

C. Die transatlantische Wertegemeinschaft auf dem Prüfstand

Den eigentlichen Anstoß dafür, dass die österreichische Ratspräsidentschaft mit tatkräftiger Unterstützung des EU-Ratssekretariats die Initiative für den Dialog mit den USA begonnen hat, gab eine Veranstaltung des Transatlantic Council in Washington über „Law and the Lone Superpower – Rebuilding a Transatlantic Consensus on International Law".[7] Ziel dieser auch vom Büro des Rechtsberaters des State Department unter *John Bellinger* unterstützten Veranstaltung war es, dem Prozess der juristischen „Vereinsamung" der USA entgegen zu wirken und den transatlantischen Konsens in Völkerrechtsfragen wieder herzustellen. Thematisch ging es dabei zunächst um eine Wiederaufnahme des Dialogs mit der europäischen Seite in Fragen des Internationalen Strafgerichtshofs.[8] Vor al-

---

5 „Extraordinary renditions", d. h. Überstellungen von Gefangenen außerhalb von gewöhnlichen Auslieferungs- und Abschiebungsverfahren, wurden von den USA offiziell als für den Kampf gegen den Terror unverzichtbares Mittel dargestellt. Die tatsächliche Menschenrechtswidrigkeit solcher Überstellungen ist nicht notwendigerweise in allen Fällen nachzuweisen, s. EGMR, Urteil vom 12. 5. 2005, *Öcalan vs. Türkei*, Nr. 46221/99, nach dem eine Entführung und Überstellung keine Verletzung des Art. 5 EMRK darstellen.
6 S. etwa zur Ankündigung *Angela Merkels* vom 7. 1. 2006, die Schließung des Lagers Guantánamo bei ihrem ersten Besuch in den USA zu fordern, http://www.sueddeutsche. de, 8. 1. 2006.
7 *W. H. Taft IV/F. G. Burwell*, Law and the Lone Superpower: Rebuilding a Transatlantic Consensus on International Law, Atlantic Council of the United States, Policy Paper (2007). An diesem Seminar nahmen unter anderem *William H. Taft IV* und weitere frühere Rechtsberater des State Departments einerseits und andererseits einige prominente europäische Juristen wie *Hans Corell, Sir Franklin Berman, Elisabeth Wilmshurst, Rolf Einar Fife* und auch der Autor teil.
8 *Taft/Burwell* (FN 7), 7.

lem von Seiten der Europäischen Teilnehmer wurden jedoch bei dieser Gelegenheit mit allem Nachdruck auch die Stellung von Gefangenen („enemy combatants") und andere Rechtsfragen im Zusammenhang mit der Bekämpfung des Terrorismus thematisiert, wobei sich grundsätzliche und tief greifende Auffassungsunterschiede zur Frage der Geltung und Anwendung des Völkerrechts in diesem Bereich offenbarten.[9]

Bei diesem Anlass machte *John Bellinger* erstmals offen seine Bereitschaft deutlich, mit den europäischen Kollegen auf breiterer Basis in einen Dialog einzutreten.

Dieser amerikanischen Bereitschaft wurde auf europäischer Ebene nicht gleich mit Enthusiasmus begegnet. Eine Reihe von skeptischen Rechtsberatern von EU-Mitgliedern musste erst von der Sinnhaftigkeit eines Dialogs auf breiterer Basis mit dem amerikanischen Partner gerade in der zu dieser Zeit so aufgeheizten öffentlichen Atmosphäre überzeugt werden.

So wurde der Dialog nach einer ersten Begegnung zwischen *John Bellinger* und allen in der Ratsarbeitsgruppe COJUR vertretenen Rechtsberatern im Februar 2006 zunächst im Mai 2006 im begrenzten „Troikaformat" (österreichische Präsidentschaft, künftige finnische Präsidentschaft, Ratssekretariat und Kommission) weitergeführt und erst nach einer thematischen Eingrenzung der Diskussionsthemen auf acht Hauptthemen im Sommer 2006 im Format eines Dialoges zwischen der US-Delegation unter *John Bellinger* und allen Rechtsberatern der EU-Außenministerien weiter vorangetrieben. Er hat sich inzwischen zu einem laufenden Dialogforum verfestigt.

Die Thematik des Dialoges ergab sich primär aus der Diskussion um das in die Medienkritik geratene Verhalten der USA gegenüber den im Kampf gegen den internationalen Terrorismus gefangenen und angehaltenen Personen einschließlich der in Guantánamo angehaltenen Terrorverdächtigen. So begann der Dialog auch zunächst mit einer Darstellung der amerikanischen Rechtsauffassung zu den einzelnen Themen, wobei sich *John Bellinger* und seine Delegation von Beginn an bereitwillig den Fragen und der Kritik von Seiten der Rechtsberater der EU, unterstützt von Ratssekretariat und Kommission, stellten.

Dabei ergab sich auch das Problem fehlender gemeinsamer und unter den EU-Rechtsberatern im Detail abgestimmter EU-Positionen. Die bekannten Haltungen der EU zu angeblichen oder nachweislichen Praktiken der USA in der Be-

---

9 *Taft/Burwell* (FN 7), 1 f (15).

kämpfung des globalen Terrorismus, wie sie unter anderem in den Erklärungen des Europäischen Parlaments,[10] des Rates und der Ratspräsidentschaft zum Ausdruck gebracht wurden, waren sicherlich als grundsätzliche Positionen, jedoch nicht immer im juristischen Detail ausgereift genug, um den amerikanischen Positionen als koordinierte EU-Positionen gegenübergestellt zu werden. Daher veranlasste der Dialog auch im weiteren Verlauf die europäischen Rechtsberater, sich um die abgestimmte juristische Präzisierung grundsätzlicher EU-Positionen zu bemühen. Dies wurde allein schon deshalb erforderlich, da die US-Seite auch die EU-Gegenpositionen juristisch im Detail hinterfragte. Dabei stellte sich heraus, dass es in einigen Punkten schwierig ist, zu abgestimmten EU-Positionen zu gelangen, über die auch im Einzelnen mit angemessener juristischer Präzision Einigkeit erzielt werden kann.

Im Verlauf des Dialoges wuchs auch das Verständnis für eine Reihe von amerikanischen Positionen und ihrer rechtlichen Begründung, selbst wenn sich die europäische Seite ihnen nicht anschließen konnte. *John Bellinger* räumte von Anfang an auch gegenüber der Öffentlichkeit ein, dass unter dem Druck der Ereignisse des 11. 9. 2001 Maßnahmen und Praktiken gesetzt wurden, um deren rechtliche Begründung, Hinterfragung und Absicherung man sich erst später bemühte. Diese Bemühungen stellten einen Prozess dar, der im Übrigen nicht abgeschlossen sei.

Jedenfalls stellte sich heraus, dass es eine Reihe von Punkten gibt, wo es im Grundsatz oder auch im Detail im Wesentlichen Übereinstimmung gibt. Dieser Raum für Übereinstimmung erweiterte sich zum Teil durch die seit Beginn des Dialoges eingetretene Rechtsentwicklung auf US-Seite, u. a. durch die Rechtsprechung des US Supreme Court im *Hamdan vs. Rumsfeld*-Fall vom 29. 6. 2006.[11] Auch die darauffolgende legislative Tätigkeit im Kongress (ab Herbst 2006 mit geänderten Mehrheitsverhältnissen) entwickelte sich – wenn auch zum Teil nicht im europäischen Sinne – weiter.[12] Der Dialog gab in dieser wichtigen legislativen Phase einen erweiterten Spielraum dafür, gegenüber einer entschei-

---

10 S. etwa Entschließung des Europäischen Parlaments P6_TA(2006)0254 vom 13. 6. 2006.
11 US Supreme Court, *Hamdan vs. Rumsfeld*, 126 S. Ct. 2749 (2006).
12 Beim Military Commissions Act of 2006, Pub. L. Nr. 109-366, 120 Stat. 2600 vom 17. 10. 2006, der als Reaktion auf das *Hamdan*-Urteil ergangen ist, versuchte die Administration allerdings durch Einschränkung der Kriminalisierung von Verstößen gegen den gemeinsamen Art. 3 der Genfer Konventionen von 1949 und durch Versagung des Rechts auf *habeas corpus* für fremde Gefangene vor Feststellung ihres Status gem. Art. 5 der 3. Genfer Konvention die Wirkung des Urteils zum Teil zurückzunehmen. Dies wurde auch innerhalb der USA deutlich kritisiert, wobei Haltungen eingenommen wurden, die der europäischen Linie entsprachen.

denden meinungsbildenden Stelle innerhalb der amerikanischen Administration für die Berücksichtigung der europäischen Haltungen mit inhaltlichen Argumenten einzutreten. Bei einer Reihe von kontroversiellen Punkten erschien es daher sinnvoll, die Diskussion zwecks Annäherung der Standpunkte weiterzuführen, wobei auch hier die im Gange befindliche Rechtsentwicklung und die interne politische und juristische Debatte in den USA miteinbezogen werden konnte. Bei einigen Themen musste jedoch festgestellt werden, dass sowohl vom grundsätzlichen Ansatz als auch von der unterschiedlichen Rechtslage – bzw. Interpretation der Rechtslage – her nicht vereinbare Positionen sowohl im Grundsatz als auch im Detail bestehen und voraussichtlich bis auf Weiteres auch fortbestehen werden.

Um den Dialog von Anfang an von der hitzigen und nicht immer sachlichen öffentlichen Diskussion abzukoppeln und um eine offene Diskussion im Detail zu erlauben, wurde von Anfang an von beiden Seiten darauf bestanden, Vertraulichkeit über die im Einzelnen diskutierten Fragen einzuhalten. Diese Vorgangsweise hat sich im Wesentlichen bewährt, da die Diskussion dadurch sehr offen geführt werden konnte, was im Fall einer Veröffentlichung der Gesprächsinhalte nicht möglich gewesen wäre. Wie wichtig diese Vertraulichkeit war und ist, stellte sich in einem Fall heraus, als Auszüge einer der Präsidentschaft nicht bekannten und von ihr nicht autorisierten Mitschrift von einzelnen EU-Abgeordneten aufgegriffen und aus dem Kontext gerissen uminterpretiert wurden. Dabei wurde auf in der Mitschrift zitierte Überlegungen Bezug genommen, die im Vorfeld des EU-USA-Gipfels in Wien im Mai 2006 angestellt wurden. Sie bezogen sich u. a. auch auf eine erst in Ansätzen geführte Debatte über den auf „extraordinary renditions" anzuwendenden völkerrechtlichen Rahmen.

Daraus wurde gegenüber der Öffentlichkeit der Vorwurf konstruiert, dass die Ratspräsidentschaft der US-Seite den Abschluss eines Rahmenabkommens zwischen der USA und Europa zur Legalisierung illegaler Gefangenentransporte durch US-Geheimdienste über europäischem Territorium vorgeschlagen hätte. Die angebliche Durchführung derartiger Transporte war zuvor in der europäischen Öffentlichkeit mit scharfer Kritik bedacht worden. Ein solcher Vorschlag wäre freilich angesichts der ablehnenden Haltung der EU gegenüber derartigen – aus europäischer Sicht grundsätzlich illegalen – „Überstellungen" absurd gewesen. Außerdem hätte er wohl als Vorhaben gem. Art. 23e B-VG dem österreichischen Parlament zugeleitet werden müssen. Die Fehlinterpretation konnte erst nach einigen Schriftwechseln mit verständlicherweise besorgten EU-Parlamentariern aufgeklärt werden.

D. Stand des Dialogs Ende 2007

Insgesamt kann aus bisheriger Sicht der Dialog als unter mehreren Gesichtspunkten erfolgreich angesehen werden. So konnte vor allem der Prozess der Präzisierung der europäischen und amerikanischen Standpunkte bereits in beachtlicher Weise vorangetrieben werden. So ist weitgehend geklärt, in welchen Punkten volle oder zumindest weitgehende Übereinstimmung besteht, wo verschiedene, zum Teil unüberbrückbare Auffassungsunterschiede bestehen und wo noch Bedarf bzw. die Möglichkeit und Zweckmäßigkeit für weitere inhaltliche Auseinandersetzung besteht. Auch ist eine gewisse Annäherung der Standpunkte in einer Reihe von Punkten unverkennbar. Auf europäischer Seite konnte für amerikanische Standpunkte und deren Entwicklung und Motive selbst dort ein besseres Verständnis erzielt werden, wo deutliche Auffassungsunterschiede bestehen bleiben. Zumindest jedoch konnte der europäischen Seite in verschiedenen Punkten ehrliches Bemühen offener Kräfte in der US-Administration um eine solide Rechtsbasis – jedenfalls nach amerikanischer Rechtslage und amerikanischem Rechtsverständnis – vermittelt werden. Diesbezügliche Erkenntnisse erscheinen für den weiteren transatlantischen Dialog deshalb wichtig, da sie Aufschlüsse darüber geben, wo politisch bzw. durch Öffentlichkeitsarbeit gegenüber der amerikanischen Seite noch sinnvoll und nachhaltig für europäische Haltungen und Standpunkte geworben werden kann und soll und wo derartige Bemühungen nicht sinnvoll erscheinen und ein „agree to disagree" zu akzeptieren ist.

Der Dialog gab jedoch auch reichlich Gelegenheit, bei der amerikanischen Seite auf juristischer Ebene für Positionen einzutreten, die nach europäischer Meinung nicht nur der amerikanischen Glaubwürdigkeit, sondern letztlich der gemeinsamen „westlichen" Glaubwürdigkeit im Kampf gegen den globalen Terrorismus dienen. Auf amerikanischer Seite war ein deutlich gewachsenes Verständnis dafür zu erkennen, dass der Wahrung der Rechtsstaatlichkeit („rule of law") einschließlich des Rechtsschutzes für gefangene Terrorverdächtige beim Kampf gegen den Terrorismus vom Typ Al Kaida besondere Bedeutung zukommt. Auch auf US-Seite wuchs die Erkenntnis, dass eine Missachtung der Rechtsstaatlichkeit den Motiven der Terrororganisationen letztlich entgegenkommt: Eine daraus folgende beschädigte Legitimität der gegen den Terrorismus gesetzten Maßnahmen in den Augen sowohl der eigenen als auch der internationalen Öffentlichkeit schadet zunächst direkt deren Effizienz, da die Militär- und Sicherheitsbehörden sowie die Geheimdienste sich wachsendem öffentlichem Misstrauen und Druck gegenübersehen. Dadurch wurde und wird die Handlungsfähigkeit der Sicherheitsorgane gerade auch der europäischen Partner angesichts des öffentlichen Misstrauens zunehmend eingeschränkt. Zum anderen relativiert eine schwindende Legitimität der Maßnahmen das Unrechtsbewusstsein gegenüber auch den brutalsten Akten des Terrorismus und fördert damit auch Solidaritätseffekte zwischen Terroristen und breiten Bevölkerungsschichten, die mit ihnen etwa aus anti-amerikanischen Motiven sympathisieren.

Letztlich seien noch weitere positive Wirkungen des Dialogs erwähnt: Zunächst wurde durch die Auseinandersetzung die Bereitschaft des amerikanischen und der europäischen Rechtsberater entscheidend gefördert, sich und ihre Mitarbeiter in einem Rechtsgebiet zu vertiefen, das in der Vergangenheit stiefmütterlich behandelt wurde. Der Dialog hatte aber auch die Wirkung, dass die 27 europäischen Rechtsberater durch die US-amerikanische Herausforderung gezwungen waren, sich um möglichst einheitliche und gleichzeitig rechtlich aufbereitete Standpunkte auf einem bisher eher oberflächlich behandelten Fragengebiet zu bemühen. Die politische Sensibilität der Fragen hatte zuvor ernsthafte Versuche, auch im juristischen Detail gemeinsam zu vertretende Rechtspositionen zu erarbeiten, verhindert.

Schließlich hat der Dialog aber auch auf der menschlichen Ebene neue Nähe und damit erhöhte Lösungskapazität in Rechtsfragen aller Art zwischen Rechtsberatern der europäischen Außenministerien und des US State Department, aber auch zwischen den europäischen Rechtsberatern untereinander geschaffen.

E. Inhaltliche Positionen

I. Ausgangshaltungen

Die im Zuge des Dialogs diskutierten Fragen drehten sich primär um die Rechtsstellung von inhaftierten Personen, denen unter dem Titel des Verdachts der Zugehörigkeit zu terroristischen Organisationen oder der Teilnahme an oder sonstigen Verbindung mit terroristischen Handlungen die Freiheit entzogen wurde. Dabei ging es wiederum im Wesentlichen um Gefangene oder Internierte in US-Gewahrsam.

Auch wenn im Folgenden eine Detailauseinandersetzung mit den Inhalten des Dialoges aus Vertraulichkeitsgründen nicht geleistet werden kann, so lassen sich doch die auch öffentlich vertretenen Haltungen[13] zu den wesentlichsten Fragen nachzeichnen, was im Folgenden versucht werden soll.

---

13 Von *John Bellinger III* öffentlich vertretene Haltungen sind etwa auf der Website des US State Department nachzulesen, so insbesondere dessen Vorträge vom 31. 10. 2006 in London („Legal Issues in the War on Terrorism", http://www.state.gov/s/l/rls/76039.htm) und vom 10. 12. 2007 in Oxford („Oxford Leverhulme Programme on the Changing Character of War", http://www.state.gov/s/l/rls/96687.htm).

II. Die europäischen Grundhaltungen

Der Dialog war von Anfang an durch grundsätzlich verschiedene sowohl rechtliche als auch rechtspolitische Zugänge gekennzeichnet.

Die europäische Haltung wurde insbesondere im Zusammenhang mit den Untersuchungen in der Parlamentarischen Versammlung und auf Veranlassung des Generalsekretärs des Europarats sowie im Rahmen des Europäischen Parlaments auf politischer Ebene wiederholt und meist an die Adresse der USA, wenn auch juristisch offensichtlich nicht immer ganz durchdacht, zum Ausdruck gebracht.

Die von den Mitgliedsstaaten der Europäischen Union mit kleineren Abweichungen mehr oder weniger konsistent vertretenen Positionen gehen von folgenden Elementen aus:

- Geschlossenheit des auf Maßnahmen gegen den Terrorismus anzuwendenden völkerrechtlichen Regelwerks; der Rechtsschutz nach den geltenden Menschenrechtsregeln und -standards und nach humanitärem Völkerrecht ist lückenlos;
- Terrorismus ist primär mit strafrechtlichen Mittel zu bekämpfen, wobei den Terrorverdächtigen jedenfalls der sich aus den geltenden Menschenrechtsregeln und -standards ergebende Rechtsschutz zukommt;
- soweit Maßnahmen gegen Terroristen oder Terrororganisationen im Zuge eines internationalen oder nicht internationalen bewaffneten Konfliktes auf dem Gebiet eines Vertragsstaates der Genfer Konventionen 1949 und Zusatzprotokolle (im Folgenden als GK I–IV und ZP I und II bezeichnet) gesetzt werden, sind die Rechtsschutzbestimmungen nach dem Genfer Recht anzuwenden;
- bei internationalen und nicht-internationalen bewaffneten Konflikten ist im Einzelfall zu prüfen, ob der Rechtsschutz nach dem Genfer Recht oder nach den anwendbaren Menschenrechtsbestimmungen zum Tragen kommt; zumindest jedoch sind die gewohnheitsrechtlichen und damit universell geltenden Minimalschutzbestimmungen gemäß dem Gemeinsamen Art. 3 der Genfer Konventionen (im Folgenden als GA 3 bezeichnet) und Art. 75 des ZP I anzuwenden;
- die einschlägige Rechtsprechung des IGH zur Geltung von Menschenrechten im Verhältnis zum humanitären Recht wird auf europäischer Seite stark in den Vordergrund gestellt. Der Geltungsbereich der vertraglichen Menschenrechtsschutzinstrumente wird entsprechend extensiv interpretiert: Art. 2 des Internationalen Paktes über bürgerliche und politische Rechte wird so interpretiert, dass dessen Bestimmungen nicht nur auf das Staatsgebiet von Ver-

tragsparteien anwendbar sind, sondern darüber hinaus auch auf sonstige von diesen kontrollierte (d. h. unter ihrer „Jurisdiktion" stehende) Gebiete;[14]
- Folter und grausame, unmenschliche und erniedrigende Behandlung und Strafe sind universell verboten (die Auffassung, das Folterverbot sei *jus cogens* und damit nicht territorial eingeschränkt herrscht vor);
- extrajudizielle (geheime) Überstellungen von Gefangenen außerhalb von rechtmäßigen Auslieferungs- und Abschiebungsverfahren („extraordinary renditions") sind illegal;
- das „incommunicado"-Festhalten von Gefangenen ohne Recht auf gesetzlichen Richter in Geheimgefängnissen und geheimen Anhaltelagern ist menschenrechtswidrig und verboten.

Die europäischen Positionen erscheinen damit auch in Bezug auf Terrorismusverdächtige besonders völkerrechts- sow ie rechtsschutzfreundlich – auch für Terrorverdächtige. Sie blieben im Zuge des Dialogs im Wesentlichen aufrecht, auch wenn in einigen Bereichen Präzisionen und Qualifikationen erarbeitet wurden und werden, die auf die Rechtsberatung im Bereich Terrorismusbekämpfung und Rechtsschutz durchschlagen. Mangels Einigung in allen Details konnte bisher öffentlich keine umfassende gemeinsame Position zu diesem Fragenbereich vertreten werden. Allerdings konnte im Zuge der Auseinandersetzung mit den amerikanischen Partnern eine Verbesserung und Vertiefung der Kohärenz der europäischen Haltungen, die ja zum Teil auch verschiedene Rechtstraditionen widerspiegeln, beobachtet werden.

III. Die von der US-Administration vertretenen Grundhaltungen

Die Haltung der USA zur Geltung von Völkerrecht im innerstaatlichen Recht ist grundsätzlich monistisch, das heißt sowohl vertragliches und gewohnheitsrechtliches Völkerrecht werden von amerikanischen Gerichten auch ohne gesetzliche Transformation in das innerstaatliche Recht angewendet. Allerdings sind die Gerichte bei der Anerkennung der unmittelbaren Anwendbarkeit der Genfer Konventionen oder von Menschenrechtsverträgen im innerstaatlichen Recht grundsätzlich zurückhaltend.[15] Der Annahme von Völkergewohnheitsrecht wird mit Zurückhaltung begegnet. Keinesfalls wird von einer Lückenlosigkeit der völkerrechtlichen Verpflichtungen ausgegangen, jedenfalls was den Rechtsschutz von

---

14 IGH, Gutachten vom 4. 7. 2004, *Legal Consequences of the Construction of a Wall in the Occupied Palestinian Territory*, General List Nr. 131, Abs. 106–111.
15 S. auch die am 25. 3. 2008 ergangene Entscheidung des US Supreme Court, *Medellin vs. Texas*, No. 06-984, in der das Höchstgericht festhält, dass das *Avena*-Urteil des IGH, das auf Grundlage des Fakultativprotokolls zur Wiener Konsularrechtskonvention ergangen ist, kein bindendes Bundesrecht darstellt.

gefangenen Terrorverdächtigen anbelangt. Allerdings weist die US-Verfassungslage, was den Rechtsschutz von Häftlingen betrifft, traditionell hohe Schutzstandards auf, wie etwa den *writ of habeas corpus*, das Recht, jederzeit vor Gericht die Rechtmäßigkeit einer Haft überprüfen zu lassen.

Die amerikanische Grundhaltung müsste daher nicht zu einer menschenrechtlichen Schlechterstellung der Gefangenen etwa in Guantánamo führen, wenn auf sie von Anfang an die Rechtsschutzbestimmungen nach der US-Verfassung und nach den im innerstaatlichen US-Recht anwendbaren völkerrechtlichen Regeln vollumfänglich angewendet worden wären. Im Gefolge der Anschläge vom 11. 9. 2001 war jedoch die Haltung der US-Administration durch eine möglichst restriktive Anwendung des Rechtsschutzes nach der US-Verfassung auf denjenigen Personenkreis geprägt, welcher der terroristischen Organisation Al Kaida und den sie unterstützenden afghanischen Taliban zugerechnet wurde. Dem lag offensichtlich eine doch auch durch die Politik geförderte öffentliche Einstellung zu Grunde. Diese gestand vor allem nicht-amerikanischen (tatsächlichen oder vermeintlichen) Angehörigen einer Organisation, die aufgrund ihrer terroristischen Handlungen und Ziele die Rechtsstaatlichkeit missachtet, die auf „normale US-Bürger" angewendeten Rechtsschutzbestimmungen nicht oder nicht im selben Maße zu. Dabei wurden im Wesentlichen ausdrücklich oder implizit folgende Zugänge gewählt:

- Die Anschläge vom 11. 9. waren ein kriegerischer Akt gegenüber den Vereinigten Staaten, der das natürliche Selbstverteidigungsrecht nach Art. 51 der VN-Satzung und einen internationalen Konflikt mit der ausländischen Organisation Al Kaida, d. h. sowohl mit ihren Angehörigen als auch ihren Unterstützern (in Stellungnahmen der US-Regierung werden Al Kaida und Taliban jeweils in einem Atemzug genannt) auslöste.
- Auf diesen Konflikt ist Kriegsrecht anzuwenden, das die Streitkräfte der USA berechtigt, Angehörige der Organisation mit Waffengewalt zu bekämpfen, zu töten, gefangen zu nehmen und „bis zum Ende des Konflikts" anzuhalten.
- In diesem Konflikt gilt Konfliktsrecht als *lex specialis* gegenüber dem Menschenrechtsschutz, auch wenn dadurch Rechtsschutzlücken für Personen entstehen, die keiner geschützten Personengruppe zugerechnet werden.
- Al Kaida zuzurechnende Personen sind nicht als legale Kombattanten im Sinne der Genfer Konventionen anzusehen und genießen daher auch nicht den Rechtsschutz des Genfer Rechts; sie sind vielmehr (von vornherein) als „illegale feindliche Kombattanten" in einem asymmetrischen internationalen bewaffneten Konflikt zu betrachten, die grundsätzlich keiner der von den Genfer Konventionen 1949 geschützten Personengruppen zuzurechnen sind; soweit der Minimalschutz des GA 3 überhaupt zur Anwendung kommt, ist er

so restriktiv wie möglich anzuwenden (s. u. Ausführungen zum Military Commissions Act).
- In der Situation des bewaffneten Konfliktes kommen dem US-Präsidenten als oberstem Kriegsherrn zudem weitgehende Befugnisse zu, gewisse Rechtsschutzbestimmungen einzuschränken oder außer Kraft zu setzen. In diesem Geiste wurden etwa Ausnahmebestimmungen für Geheimdienste in extensiver Weise vorgesehen.
- Das Verbot der Folter und der grausamen, unmenschlichen und erniedrigender Behandlung und Strafe ist restriktiv auszulegen; ab Ende 2005 wurde von einer universellen Geltung des Folterverbots für amerikanische Streitkräfte ausgegangen; die Geltung und Anwendung durch Geheimdienste bleibt unklar; ebenso unbefriedigend erscheint bisher die Haltung zur Frage, ob früher unter Folter oder Zwang erhaltene Informationen in Verfahren gegen Inhaftierte genutzt werden können (Verbot nach Art. 15 Antifolterkonvention).
- Die Bestimmungen des Internationalen Paktes über bürgerliche und politische Rechte von 1966 gelten nur auf amerikanischem Territorium unter amerikanischer Jurisdiktion (kumulativ), daher nicht in Guantánamo.
- Die Rechtsschutzbestimmungen der US-Verfassung sind auf außerhalb der USA gefangen genommene „Fremde", die im Zuge des Konflikts mit Al Kaida angehalten wurden, nicht bzw. nur begrenzt anzuwenden; dies gilt insbesondere für das „habeas corpus"-Recht.
- Extrajudizielle Überstellungen werden, soweit sie nicht nationalem Recht anderer Staaten unterliegen oder mit deren Einverständnis durchgeführt werden, durchaus als legal und als wichtiges Instrument der amerikanischen Antiterrorismuspolitik angesehen.
- Geheime Anhaltung von Personen wird als geheimdienstliche Angelegenheit angesehen und unterliegt daher nicht der öffentlichen Diskussion.

Die wesentlichste Qualifikation der von der US-Regierung im Gefolge der Anschläge vom 11. 9. 2001 eingenommenen Rechtsposition erfolgte durch die Rechtsprechung des Supreme Court in den Fällen *Hamdi vs. Rumsfeld* (2004) sowie *Hamdan vs. Rumsfeld* (2006) und verspricht, sich noch weiter zu entwickeln. Erste legislative Maßnahmen brachten zwar einige Präzisierungen – wie etwa das McCain Amendment 2005[16] im Bereich des Folterverbots – andere gingen in der Tendenz auch in Richtung einer teilweisen Rücknahme oder Einschränkung des durch den Supreme Court erweiterten Rechtsschutzes (insb. Military Commissions Act 2006).[17]

---

16 S. FN 1.
17 S. FN 12.

Insofern kann wohl nicht von direkten „positiven" Auswirkungen des Dialoges auf die legislative und exekutive Praxis gesprochen werden, da der Dialog ja nur unter den Rechtsberatern der Außenministerien stattfand und noch keine wesentlich weiteren Kreise zog. Immerhin jedoch versuchte der amerikanische Partner im Dialog, *John Bellinger III*, die US-Haltung in Rechtsschutzfragen im Kampf gegen den Al Kaida-Terrorismus zu erläutern, nicht nur gegenüber der internationalen, sondern auch der US-Öffentlichkeit. Dabei trat nicht nur eine Verteidigung der Haltung der US-Administration, sondern zunehmend auch eine ernste öffentliche Auseinandersetzung mit den von europäischer Seite vertretenen Haltungen zu Tage. Dies erscheint umso bedeutender, als der persönliche Werdegang *Bellingers* eine enge Verbindung mit der rechtlichen Willensbildung der absoluten Spitze der Administration unter Präsident *George W. Bush* gerade in Fragen der Bekämpfung des globalen Terrorismus ausweist.[18]

IV. Der Kampf gegen Al Kaida und die Taliban – ein bewaffneter Konflikt?

Der Dialog war von Anfang an durch unterschiedliche Zugänge zur Frage geprägt, ob die von den USA gefangen gehaltenen Terrorverdächtigen

- als Strafgefangene in einem Gebiet unter der Jurisdiktion der USA anzusehen sind, auf die menschenrechtliche Kriterien zur Anwendung kommen; oder
- als im Zuge eines bewaffneten Konflikts aufgegriffene Personen, deren Kombattantenstatus nach dem Genfer Recht zwar zweifelhaft sein mag, die aber bis zur endgültigen Feststellung ihres Status gem. Art. 5 GK III den Rechtsschutz von Kriegsgefangenen genießen.

Das Hauptproblem stellte sich in folgender Frage: Von der US-Administration wird die Haltung vertreten, dass den USA mit den Anschlägen vom 11. September von Al Kaida, unterstützt von den afghanischen Taliban, ein internationaler bewaffneter Konflikt aufgezwungen worden sei. In diesem Sinne galten und gelten aus der Sicht der US-Regierung Verfolgungshandlungen gegen Al Kaida als vom „Kriegsrecht", das heißt „Haager" und „Genfer" Recht, regierte Kampfhandlungen gegen diese Organisation.

---

18 *John Bellinger* ist seit Jänner 2005 Rechtsberater des State Department und einer der engsten Mitarbeiter von *Condoleezza Rice*. Er diente bereits im National Security Council als ihr Legal Adviser zwischen 2001 und 2005 (Senior Associate Legal Adviser to the President and the National Security Council) und war etwa führend an der Ausarbeitung des Gesetzes beteiligt, das den Director of National Intelligence schuf. S. Biographie auf der Website des Department of State: http://www.state.gov/r/pa/ei/biog/48242.htm.

Das Verhältnis zwischen diesem „bewaffneten Konflikt mit Al Kaida" und der Intervention in Afghanistan als klar im Sinne der Genfer Konventionen zu behandelnder internationaler bewaffneter Konflikt wurde von der US-Administration nicht einheitlich beantwortet. Aus europäischer Sicht ist bei den Taliban davon auszugehen, dass sie bei Vorliegen der Voraussetzungen gem. Art. 4 GK III durchaus als Kombattanten qualifiziert werden konnten bzw. können. Dies heißt aber auch, dass unmittelbar nach Beendigung des internationalen bewaffneten Konflikts mit Afghanistan (wohl mit Machtübernahme der Regierung *Karzai*) gem. Art. 118 GK III die kriegsgefangenen Taliban freizulassen gewesen wären.

Jedenfalls sah die US-Regierung die Schutzbestimmungen der Genfer Konventionen als nicht auf „illegale feindliche Kombattanten" anwendbar an. Dieser Kategorie rechnete sie die Gefangenen in Guantánamo grundsätzlich zu. Damit sahen sich zwar die USA als berechtigt an, Kriegshandlungen gegen Angehörige der Al Kaida und gegen die Taliban zu setzen, ohne jedoch diese auch als Kombattanten zu betrachten, die unter den Schutz der Genfer Konventionen, im Besonderen der GK III fallen.

Ob und inwieweit ein asymmetrischer internationaler bewaffneter Konflikt zwischen den USA und der Al Kaida bzw. den Taliban besteht, ist eine Grundfrage, bezüglich der grundsätzlich unterschiedliche Positionen zwischen der US-Administration und Europa bestehen.

Die vorherrschende europäische Haltung kann in der Auseinandersetzung zwischen den USA und Al Kaida *per se* keinen internationalen bewaffneten Konflikt im rechtlichen Sinne, das heißt im Sinne der Genfer Konventionen, sehen. Dies ergibt sich schon aus der mangelnden Eigenschaft von Al Kaida als Staat bzw. Mitglied der Genfer Konventionen. Grundsätzlich sind auf die Bekämpfung von terroristischen Vereinigungen aus der Sicht der Mitgliedsstaaten der Europäischen Union strafrechtliche Mittel sowie Mittel der rechtlichen Zusammenarbeit wie Auslieferung und Rechtshilfe bei der Strafverfolgung anzuwenden. Sofern jedoch Personen im Zuge eines bewaffneten zwischenstaatlichen Konfliktes oder auch im Zuge eines „nicht internationalen" bewaffneten Konflikts im Sinne des GA 3 oder des ZP II auf dem Territorium einer Vertragspartei der Genfer Konventionen aufgegriffen wurden, kann Genfer Konventionsrecht auch aus europäischer Sicht zur Anwendung kommen.[19] Dies kann u. U. auch Personen einschließen, die terroristischen Vereinigungen angehören oder der Begehung von oder Teilnahme an terroristischen Akten schuldig oder ver-

---

19 Vgl. auch *H.-P. Gasser*, Acts of Terror, "Terrorism" and International Humanitarian Law, International Review of the Red Cross, Nr. 847 (2002), 547–570 (568).

dächtig sind. Welches Recht im konkreten Fall anzuwenden ist, ergibt sich aus europäischer Sicht aus einer Analyse einer Reihe von Faktoren, die den Rechtsstatus der Person im konkreten Fall bestimmen.

Dazu ist u. a. festzustellen, ob die betreffende Person durch Erfüllung der dafür vorgesehenen Voraussetzungen als Kombattant im Sinne der Genfer Konventionen anzusehen ist oder auch als Person, die sich ohne Berechtigung dazu an Kampfhandlungen beteiligt hat oder ob jemand ganz einfach als Zivilperson kriminelle oder nach den Genfer Konventionen verbotene Handlungen gesetzt hat oder ihrer verdächtig ist. Die Haltung der europäischen Mitgliedsstaaten geht dabei in der Mehrheit ausdrücklich oder implizit von einem geschlossenen Rechtsschutzsystem aus, da sich der humanitäre Rechtsschutz und der Menschenrechtsschutz ergänzen, wenn nicht sogar überlappen. Diese Haltung mag sich aber in der Praxis im Einzelnen kaum in allen denkbaren Fällen durchhalten lassen.

V. Die Lückenlosigkeit des Rechtsschutzes für „illegale (unrechtmäßige) Kombattanten"

Die Schwierigkeit, eine Lückenlosigkeit des Rechtsschutzes für Personen in einem bewaffneten Konflikt anzunehmen, ergibt sich etwa aus den beim IKRK angestellten Überlegungen zur „direkten Teilnahme" (von Nichtkombattanten) an Kampfhandlungen.[20] Hier gibt es auf Initiative des IKRK seit dem Jahre 2003 Expertentreffen, die sich mit dieser in den Genfer Konventionen von 1949 nicht geregelten Problematik beschäftigen.[21] Es kann immerhin als gesichert gelten, dass Zivilisten für die Zeit, in der sie „unmittelbar an Feindseligkeiten" teilnehmen, aus dem Schutz der Genfer Konventionen und Zusatzprotokolle für Zivilisten herausfallen.[22] In der Praxis sind jedoch gerade was die Kriterien als Voraussetzung für derartige Rechtsfolgen betrifft, noch einige Fragen offen. Eine offizielle Stellungnahme des IKRK vom 21. 7. 2005 bezeichnet im übrigen solche Zivilisten als „unlawful or unprivileged combatants or belligerents", ein Begriff,

---

20 Zur Problematik s. *J.-M. Henkaerts*, Study on Customary Humanitarian Law: A contribution to the understanding and respect for the rule of law in armed conflict, International Review of the Red Cross 2005, Bd. 87 Nr. 857, 190 f.
21 S. Website des IKRK, http://icrc.org/web/eng/siteengo.nsf/html/participation-hostilities-ihl-311205.
22 Grundregel gem. Art. 51 Abs. 3 ZP I und Art. 13 Abs. 3 ZP II; auch gem. dem gemeinsamen Art. 3 gilt der Minimalschutz nur für Personen, die nicht „aktiv" an Kampfhandlungen teilnehmen.

der dem von der US-Administration verwendeten Begriff „illegal or unlawful enemy combatant" sehr nahe kommt.[23]

Ein weiteres Problem für die Sicherstellung der Lückenlosigkeit im Grenzbereich zwischen humanitärem und menschenrechtlichem Rechtsschutz ist die Frage der Anwendbarkeit des Internationalen Paktes über bürgerliche und politische Rechte auf alle Personen, die unter der Jurisdiktion einer Vertragspartei – auch außerhalb des eigenen Staatsgebiets – stehen. Hier geht die US-Seite strikt und im Gegensatz zur europäischen Haltung zum IGH im sog. *Mauer-Fall* davon aus, dass der Pakt nach dessen Art. 2 Abs. 1 nur auf Personen anwendbar ist, die sich auf dem Gebiet einer Vertragspartei *und* in ihrer Herrschaftsgewalt befinden.[24]

Im Falle der USA liegt die Rechtslage im Übrigen mangels Mitgliedschaft in der Europäischen Menschenrechtskonvention und mangels Ratifikation der ZP I und II durch die USA von vorneherein anders als bei europäischen Staaten.

Die US-Administration hat sich demgegenüber auf die rechtliche Position festgelegt, dass es zwar keinen Konflikt im rechtlichen Sinn zwischen den USA und dem globalen Terrorismus gibt, dass hingegen der aus der Sicht der US-Administration existierende Konflikt zwischen den USA und der Al Kaida gemäß dem auf bewaffnete Konflikte anzuwendenden Völkerrecht zu behandeln ist. (Der Supreme Court im *Hamdan vs. Rumsfeld*-Fall hat sich dazu nicht geäußert.) Die US-Administration besteht dabei darauf, dass hier auf das auf sie „anwendbare" Völkerrecht abgestellt wird, um die Anwendbarkeit nicht genau definierter, allgemeiner humanitärer Standards auszuschließen, die über die für die USA konkret geltenden vertraglichen – und unter gewissen Bedingungen auch gewohnheitsrechtlichen – Verpflichtungen hinausgehen.

Diese Auffassung unterscheidet sich von der gängigen europäischen vor allem auch dadurch, dass dieser Konflikt nach Auffassung der US-Administration nicht durch eine bestimmte Situation zeitlich und räumlich als begrenzt angesehen wird, sondern dort zum Tragen kommt, wo gewaltsame Auseinandersetzungen stattfinden. So sieht sich die US-Administration dadurch berechtigt, de facto

---

23 *IKRK*, The relevance of IHL in the context of terrorism. Official statement, 21. 7. 2005, http://www.icrc.org/web/eng/siteeng0.nsf/html/terrorism-ihl-210705.
24 Die US-Regierung verweist auf eine historische Interpretation: *Eleanor Roosevelt* bestand als US-Delegierte 1950 auf der Einschränkung der Anwendung des IPBPR auf Territorien der Vertragsparteien (vgl. dazu VN Dok. E/CN.4/C/SR.193 (1950)); s. dazu Human Rights Centre Geneva, Summary Records, Human Rights Committee, 87th session, 2380th meeting vom 18. 6. 2006.

an jedem Ort der Welt kriegsrechtlich zulässige Maßnahmen einschließlich Tötung und Freiheitsentzug gegen tatsächliche oder vermeintliche Angehörige der Al Kaida zu setzen. Abgesehen davon, dass diese Auffassung an die Grenzen der Souveränität anderer Staaten stößt, fehlt dafür im Haager und Genfer Kriegs- und Humanitärrecht eine rechtliche Basis, da dieses entweder auf internationale bewaffnete Konflikte zwischen Vertragsparteien der Genfer Konventionen oder auf nicht-internationale bewaffnete Konflikte auf dem Gebiet einer Vertragspartei abstellt.

Die von der US-Administration aus der „asymmetrischen" Konfliktsituation mit einem nichtstaatlichen Akteur nach dem 11. 9. 2001 abgeleiteten Rechtsfolgen wurden von europäischer Seite sowohl auf politischer als auch auf rechtlicher Seite heftig kritisiert: Die US-Administration gestand nämlich aufgrund der mangelnden Eigenschaft von Al Kaida als Vertragspartei der Genfer Konventionen Personen, die Al Kaida zugerechnet werden, grundsätzlich keinen legalen Kombattantenstatus zu. Gefangene aus diesem Personenkreis wurden in Ermangelung einer Statusprüfung gem. Art. 5 GK III im Zweifel als „illegale feindliche Kombattanten" eingestuft. Diese Auffassung führt im Ergebnis dazu, dass einer Personengruppe, gegen die alle kriegsrechtlich zulässigen Mittel einschließlich Tötung und Freiheitsentzug gesetzt werden dürfen, im Gegenzug kein Schutz nach den Genfer Konventionen zukommt.[25] Damit wurde ein wesentlicher Teil der Häftlinge in Guantánamo zunächst praktisch von der Regel ausgenommen, dass im Zuge von Kampfhandlungen festgenommenen Personen bis zur Statusfeststellung im Zweifel der geschützte Status eines Kriegsgefangenen zukommt. Die US-Administration erkennt zwar an, dass die Genfer Konventionen ebenso wie das Haager Kriegsrecht den Status des „unlawful enemy combatant" nicht definieren, verweisen aber darauf, dass jedenfalls bei einer negativen Statusfeststellung durch ein Tribunal gem. Art. 5 GK III einer Person der Status eines legalen Kombattanten nicht mehr zukommt. (Dann käme ihr aber grundsätzlich zunächst der Rechtsschutz gem. der GK IV zu, außer es kommt die Ausnahmeklausel des Art. 5 GK IV für Spione, Saboteure oder sonstige, eine Sicherheitsbedrohung darstellende Person zum Tragen, denen jedoch auch eigentlich kein Status eines illegalen Kombattanten im Sinne der US-Regierung zukommt.)

Bereits zu Beginn des Dialogs zeigten sich Anzeichen dafür, dass die US-Seite an der Rechtmäßigkeit der eigenen Konstruktion zweifelte, die gefangene Ter-

---

25 Grundlage dafür bildet die Presidential Military Order, Detention, Treatment, and Trial of Certain Non-Citizens in the War against Terrorism vom 13. 11. 2001, http://www.state.gov/coalition/cr/prs/6077.htm.

rorverdächtige im Zweifel als „illegale Kombattanten" behandelt, die einem Sonderverfahren zu unterwerfen sind, das streng genommen nicht unter Art. 5 GK III fällt. Ein solches Verfahren konnte auf der Grundlage des am 28. 6. 2004 mit Verordnung des stv. Secretary of Defense Paul Wolfowitz eingerichteten Combatant Status Review Tribunals durchgeführt werden, bis der Supreme Court im *Hamdan vs. Rumsfeld*-Urteil im Juni 2006 die durchgeführten Statusfeststellungsverfahren als im Widerspruch zum US Uniform Code of Military Justice (UCMJ) und den Genfer Konventionen stehend feststellte.

Auch sah sich die US-Administration auf der Basis dieser Konzeption als berechtigt an, Verfahren gegen Guantánamo-Häftlinge vor eigenen Miltärkommissionen durchzuführen, die Strafverfahren durchführen können, ohne dass der volle Umfang der in einem Kriegsgerichtsverfahren (*court-martial*) anzuwendenden (nach US-Recht weitgehenden) Rechtsschutzbestimmungen zur Anwendung kommt. Bei Kriegsgefangenen würde im Normalfall das mit hohem Rechtsschutz ausgestattete Kriegsgerichtsverfahren zur Anwendung kommen. Vom Supreme Court wurde schließlich im *Hamdan*-Fall festgestellt, dass die „Military Commissions" nicht im Einklang mit den Genfer Konventionen und dem UCMJ stehen. Im Konkreten verletzten sie Art. 36 des UCMJ, der den Grundsatz der Einheitlichkeit des Verfahrens, d. h. der Übereinstimmung mit dem Verfahrensschutz nach dem Kriegsgerichtsverfahren festlegt.[26]

VI. Die nachträgliche Qualifikation der *Hamdan vs. Rumsfeld*-Entscheidung durch den Military Commissions Act (MCA)[27]

Im Gefolge der *Hamdan*-Entscheidung versuchten uneinsichtige Teile der US-Regierung und des Kongresses in der Folge durch einzelne in den MCA eingebaute Elemente Teile der sich aus dem Urteil abzuleitenden Rechtsschutzfolgen für Guantánamo-Häftlinge legislativ zu korrigieren. Der MCA wurde durch den Kongress im Oktober 2006 angenommen.

Durch den MCA wurden die Military Commissions statutarisch zuständig für die Durchführung von Strafverfahren gegen jene Guantánamo-Häftlinge, die als „unlawful enemy combatants" festgestellt wurden. Der MCA enthält eine Definition des Begriffs „unlawful enemy combatant",[28] allerdings obliegt es nicht

---

26 *Hamdan vs. Rumsfeld* (FN 11), Syllabus, 5 f.
27 S. FN 12.
28 Section 948 (a) MCA (FN 12): „The term 'unlawful enemy combatant' means – (i) a person who has engaged in hostilities or who has purposefully and materially supported hostilities against the United States or its co-belligerents who is not a lawful enemy combatant (including a person who is part of the Taliban, al Qaeda, or associated forces); or (ii) a

den Military Commissions, dies festzustellen, sondern den für die Statusfeststellung zuständigen Tribunalen gem. Art. 5 GK III.[29] Gerade bei den durch die Invasion in Afghanistan angegriffenen Taliban-Kräften stellt sich die Frage, auf welcher Rechtsgrundlage generell die Zuordnung zur Gruppe der „unlawful combatants" erfolgen kann. Bei ihnen ist durchaus nicht ausgeschlossen, dass sie die Kriterien gem. Art. 4 GK III erfüllen. Der konkrete Verweis in der Definition gem. dem MCA: „including a person that is part of the Taliban, al Qaeda, or associated forces" kann demnach nicht so zu verstehen sein, dass solche Personen ohne Festellung gem. Art. 5 GK III im Einzelfall generell als „unlawful enemy combatants" zu behandeln sind.

Der MCA wurde gerade auch innerhalb der USA heftiger Kritik unterworfen, da er ausdrücklich gewisse Einschränkungen des in Kriegsgerichtsverfahren vorgesehenen Rechtsschutzes wie des Zugangs des Angeklagten zu gegen ihn vorliegenden Geheiminformationen vorsieht. Der MCA wurde durch das am 18. Jänner 2007 vorgelegte Military Commissions Manual umgesetzt, mit dem das Verfahren vor den Military Commissions immerhin – soweit mit dem MCA vereinbar – im praktischen Detail an die Kriegsgerichtsverfahren angeglichen wurde.

Weiters sieht der MCA vor, dass gegen dessen Entscheidungen in letzter Instanz an das Berufungsgericht in Washington D.C. berufen werden kann.[30]

Auch wenn der MCA und die öffentliche Diskussion darüber in Betracht gezogen wird, kann gesagt werden, dass durch die *Hamdan*-Entscheidung das ursprüngliche US-Konzept des „illegal enemy combatant", das der mittelalterlichen Rechtsfigur der Vogelfreiheit stark angeglichen war, wieder weitgehend in das System der Genfer Konventionen und in die US-Verfassung zurückgeführt wurde. Die Entscheidung hat damit die Grundlage für eine Rechtsentwicklung geschaffen, die in der Tendenz zu einer verfahrensrechtlichen Besserstellung der Guantánamo-Häftlinge geführt hat und wohl noch führen wird.

---

person who, before, on, or after the date of the enactment of the MCA of 2006, has been determined to be an unlawful enemy combatant by a Combatant Status Review Tribunal or another competent tribunal established under the authority of the President or the Secretary of Defense."

29 Eigentlich Combatant Status Review Tribunal, dessen Charakter als Tribunal gem. Art. 5 GK III ebenfalls angezweifelt wurde; folgerichtig wurde bei zwei Fällen – *Omar Khadr* und *Salim Ahmed Hamdan* am 4. 6. 2007 – von den zuständigen Richtern die Zuständigkeit der Military Commissions mangels Feststellung des Status eines „unlawful enemy combatant" durch ein zuständiges Tribunal abgelehnt; s. *Wiliam Glaberson*, International Herald Tribune vom 4. 6. 2007.

30 Sect. 950 (g) MCA (FN 12).

Dabei ist zu berücksichtigen, dass auch mit weiteren Fortschritten im europäischen Sinne gerechnet werden kann. Die am 5. 12. 2007 durchgeführten Hearings im noch laufenden anhängigen Verfahren vor dem Supreme Court in den kombinierten Fällen *Al Odah vs. United States* und *Boumediene vs. Bush*[31] lassen nun auch eine Korrektur der Aberkennung des *habeas corpus*-Privilegs für nichtamerikanische („fremde") Guantánamo-Häftlinge gemäß dem MCA erwarten. Damit besteht die konkrete Möglichkeit, dass es für Guantánamo-Insassen zu einer generellen Ermöglichung der Überprüfung der Haft durch amerikanische Zivilgerichte kommt. Dies gälte auch für militärgerichtliche Verfahren nach dem MCA. Dem gehen Bemühungen im Rahmen des US-Senates voraus, das Verbot der Anwendung des *habeas corpus*-Privilegs durch amerikanische Gerichte für fremde „enemy combatants" in US-Haft durch eine Änderung der Sect. 7 des MCA abzuschaffen.[32]

Auch wenn dies hier nicht in allen Details ausgeführt werden kann, so hat der „Dialog" eine insbesondere durch die Rechtsprechung des Supreme Court und Initiativen im US-Kongress geförderte Rechtsentwicklung begleitet, die die prozessrechtliche Stellung von Personen, die im Zuge von Antiterrormaßnahmen außerhalb strafgerichtlicher Verfahren festgenommen wurden, gegenüber der bisherigen amerikanischen Rechtslage und Spruchpraxis schrittweise entscheidend weiter zu entwickeln verspricht. Und diese Weiterentwicklung geht offensichtlich in Richtung der Verbesserung und Präzisierung des Rechtsschutzes für Personen, deren Status bisher in einen gewissen Graubereich bezüglich der Anwendbarkeit des menschenrechtlichen, humanitären und verfassungsrechtlichen Rechtsschutzes auf Personen fiel, die terroristischer Aktivitäten verdächtigt bzw. terroristischen Organisationen wie Al Kaida zugerechnet werden.

Obwohl insbesondere durch die problematischen Elemente des MCA noch einige wesentliche Kritikpunkte aus europäischer Sicht nicht ausgeräumt werden konnten, konnte im Zuge des Dialogs zunächst der amerikanischen Seite klar die kritische Haltung gegenüber den bisherigen Rechtsschutzlücken für inhaftierte Terrorverdächtige vermittelt werden, die der Gruppe der „unlawful enemy combatants" zugerechnet werden. Auch die Einschränkungen des Rechtsschutzes

---

31 Anmerkung der Herausgeber: Nach Redaktionsschluss wurden die verbundenen Rechtssachen Nr. 06-1195 und 06-1196 vom Supreme Court entschieden. Die Entscheidung ist abrufbar unter http://www.supremecourtus.gov/opinions/07pdf/06-1195.pdf.

32 „Specter-Leahy-Dodd-Amendment", knapp abgelehnt im Herbst 2006. Danach haben die Senatoren *Leahy* und *Specter* im Juni 2007 nochmals einen „Habeas Corpus Restoration Act" eingebracht, der auch vom Judiciary Committee angenommen wurde; Weiterbehandlung im Kongress im Herbst 2007, seit Behandlung der *habeas corpus*-Frage durch den Supreme Court in *Al Odah* and *Boumediene* wird abgewartet.

durch den MCA konnten diskutiert werden. Gleichzeitig konnte jedoch auch das europäische Detailverständnis für die sich seit 2001 zunehmend verbessernden Rahmenbedingungen des Rechtsschutzes für Häftlinge innerhalb der amerikanischen Rechtsordnung und damit auch die fachliche Diskussionsbasis entscheidend weiterentwickelt werden.

VII. Der Gemeinsame Artikel 3

Ein wichtiges Element für die europäische Auffassung von der Geschlossenheit des Rechtsschutzsystems im Bereich der Bekämpfung des Terrorismus sind die im GA 3 sowie im Art. 75 ZP I festgeschriebenen Minimalstandards für den Rechtsschutz von Personen, die nicht unter eine der Schutzkategorien der Genfer Konventionen bzw. unter den Schutz anwendbarer Menschenrechtsregeln fallen.

Der GA 3 war durchaus bereits vor 2001 Gegenstand der amerikanischen Rechtspraxis. Er wurde von der US-Regierung jedoch nicht als Bestimmung angesehen, die universell geltendes Gewohnheitsrecht kodifiziert, das den Minimalstandard des Rechtsschutzes für alle Personen vorsieht, die nicht aktiv an Feindseligkeiten teilnehmen, einschließlich solcher, die durch Inhaftierung „hors de combat" gestellt wurden. Art. 75 ZP I ist mangels Ratifikation durch die USA völkervertragsrechtlich nicht anwendbar. Bisher sieht die US-Regierung keine Bestätigung durch US-Gerichte, ob das darin nach europäischer Auffassung festgeschriebene Gewohnheitsrecht als Rechtsgrundlage für die US-Praxis zu gelten hat. Immerhin ist die US-Regierung allerdings der Meinung, dass die US-Praxis sich die Standards gemäß Art. 75 ohnehin bereits weitestgehend zu eigen gemacht hätte.

Durch die Entscheidung *Hamdan vs. Rumsfeld* im Juni 2006 wurde die diesbezügliche amerikanische Rechtsauffassung auch in einem entscheidenden Punkt korrigiert: Gefangenen feindlichen Kombattanten, die im bewaffneten Konflikt mit Al Kaida aufgegriffen wurden, kommt jedenfalls der Minimalschutz gemäß dem GA 3 zu, solange dieser Konflikt auf dem Territorium einer Vertragspartei der Genfer Konvention stattfindet (z. B. Afghanistan).[33]. Der Supreme Court interpretiert dabei den GA 3 weit als minimaler Schutzstandard für alle Personen, die nicht aktiv an Feindseligkeiten im Zuge eines bewaffneten Konfliktes teil-

---

33 GA 3: „Im Falle eines bewaffneten Konflikts, der keinen internationalen Charakter aufweist und der auf dem Gebiet einer der Hohen vertragsschließenden Parteien entsteht, [...]"; der Gerichtshof akzeptierte dabei nicht den Einwand der Regierung, dass es sich beim Kampf gegen die Al Kaida um einen „internationalen" Konflikt handle; s. *Hamdan vs. Rumsfeld* (FN 11), Syllabus, 6 f.

nehmen. Mit dieser Entscheidung schuf der Supreme Court im *Hamdan*-Urteil eine Grundlage für eine Annäherung zwischen der Haltung der US-Administration und den Mitgliedstaaten der EU.
Allerdings sieht die US-Administration vorerst durch den Supreme Court weiterhin lediglich festgehalten, dass der GA 3 als anwendbares Vertragsrecht anzuwenden ist, nicht jedoch direkt das darin festgeschriebene Gewohnheitsrecht. Diese Interpretation steht allerdings insofern im Widerspruch zur Rechtsprechung im *Hamdan*-Fall, da der Supreme Court ohne Rückgriff auf universell geltendes Völkergewohnheitsrecht nicht zur Feststellung der Anwendbarkeit des Minimalschutzes auf alle internierten Personen gelangen konnte.

Die Kritik der US-Regierung an der relativen Unbestimmtheit des GA 3 floss offensichtlich in die Ausgestaltung des MCA ein. Durch den MCA wurde nach der *Hamdan*-Entscheidung die Strafbarkeit von Verstößen durch US-Personal gegen Rechtsschutzbestimmungen des GA 3 auf besonders schwere Verstöße gem. Art. 129 und 130 GK III („grave breaches") eingeschränkt.[34] Damit wurde de facto die Wirksamkeit dieser Bestimmung zugunsten des Rechtsschutzes für internierte Personen eingeschränkt.

Hier wird sich zeigen, inwieweit die noch zu erwartende Rechtsprechung des Supreme Court zum MCA im kombinierten Fall *Al Odah* und *Boumediene*[35] noch zu Korrekturen der US-Haltung Anlass geben wird. Auch die legislative Geschichte des MCA scheint noch nicht geschrieben. Es besteht die reelle Möglichkeit, dass geänderte Mehrheitsverhältnisse und ein allgemeiner Meinungsbildungsprozess noch legislative Korrekturen der durch den MCA umgesetzten Beschränkungen des Rechtsschutzes für „unlawful combatants" ermöglichen. Zu einem solchen Meinungsbildungsprozess kann der Dialog zumindest indirekt beitragen.

VIII. Verbot von Folter und anderen Formen von grausamer, unmenschlicher oder erniedrigender Behandlung oder Strafe

Folter ist nach europäischer Lesart aufgrund der VN-Konvention zur Verhütung von Folter und anderen Formen von grausamer, unmenschlicher oder erniedrigender Behandlung oder Strafe ausnahmslos verboten. Die Pflicht zur effektiven Verhinderung der Folter nach Art. 2 der Konvention samt Unzulässigkeit jeglicher Rechtfertigung für Folter (Art. 2 Z 2) und das Gebot zur Verhinderung von anderen Formen grausamer, unmenschlicher und erniedrigender Behandlung

---

34 Sect. 6 (a) (2) MCA (FN 12).
35 Siehe FN 31.

oder Strafe nach Art. 16 der Konvention werden aus überwiegender europäischer Sicht trotz unterschiedlicher Stringenz der Formulierung de facto auf die gleiche Stufe gestellt. Die europäische Haltung ist dabei durch Art. 3 der Europäischen Menschenrechtskonvention 1950 beeinflusst, der „Folter oder unmenschliche oder erniedrigende Strafe oder Behandlung" verbietet. Obwohl die Konvention einen Anwendungsbereich lediglich für die „Gebiete unter der Jurisdiktion der Mitgliedsstaaten" vorsieht, geht die europäische Haltung von einer quasi universellen Geltung des Verbots als *jus cogens* aus.

Dieser Grundauffassung hat sich die US-Administration durch Aussagen von US-Außenministerin *Condoleezza Rice* im Dezember 2005 bezüglich der Folter und zuletzt der US-Gesetzgeber durch das McCain Amendment[36] auch in Bezug auf andere Formen von grausamer, unmenschlicher oder erniedrigender Behandlung und Strafe im Ergebnis (z. T. „as a matter of policy") angeschlossen. Das gilt jedoch nicht in vollem Umfang für die Beurteilung der zugrundeliegenden völkerrechtlichen Verpflichtungen. Durch das McCain Amendment ist einerseits jede Behandlung durch dem Department of Defense unterstehendes Personal, die nicht vom „United States Army Field Manual on Intelligence Interrogation" autorisiert ist, verboten. Wieweit das der Anerkennung eines weltweiten und auch extraterritorial geltenden rechtlichen Verbots der Folter gleichkommt, ist wohl umstritten. Es ist aber durch das Amendment gleichzeitig weltweit verboten, irgendeine in der physischen Gewalt der US-Regierung stehende Person grausamer, unmenschlicher oder erniedrigender Behandlung oder Strafe[37] zu unterwerfen.

Damit ist die Haltung der USA in Bezug auf das Verbot der Folter und anderer Formen von grausamer, unmenschlicher oder erniedrigender Behandlung und Strafe *de facto* – wenn auch nicht notwendigerweise *de jure* – mit der europäischen weitgehend übereinstimmend. Allerdings bestehen zwei wesentliche Unterschiede, die weiterhin zu substantieller Kritik Anlass geben: Einerseits ist die Haltung der US-Regierung betreffend die fortgesetzte Verwendung von „robusten Verhörmethoden" (einschließlich des sog. „Waterboarding") durch die US-Geheimdienste zumindest unklar, was ja nach wie vor sowohl innerhalb der USA als auch weltweit kritisiert wird. Andererseits bestehen bei der Interpretation der Tragweite des Art. 3 der VN-Antifolter-Konvention (Refoulementverbot) wesentliche Unterschiede. Die USA sehen im Gegensatz zu den EU-Mitgliedstaaten keine Verpflichtung in Bezug auf Personen, die sich außerhalb des

---

36 S. FN 1.
37 Qualifiziert durch die relevanten Amendments (z. B. das 5.) zur US-Verfassung, die in den Vorbehalten zur VN-Antifolter-Konvention (FN 1) zum Ausdruck kommen.

Gebietes der betreffenden Vertragspartei befinden. Sie leitet dies unter anderem aus den Begriffen „expel", „return" („refouler") und „extradite" ab, die nur aus dem Gebiet des betreffenden Staates erfolgen können. Das heißt, die US-Regierung sieht die US-Organe nicht gebunden, auf Personen, die sich an einem Ort außerhalb ihres Territoriums befinden, das Verbot der Abschiebung, Retournierung oder Auslieferung von Personen in ein Land, wo „ein substantieller Grund zur Annahme besteht, dass sie der Gefahr der Folter" unterliegen, zu beachten. Im Übrigen interpretiert die US-Regierung den „substantiellen Grund zur Annahme" als „more likely than not that a person will be subjected to torture" und damit restriktiver als die EU-Mitgliedstaaten.[38]

Die US-Regierung verweist darauf, dass diese Klarstellungen bereits durch eine Erklärung anlässlich der Ratifikation der Konvention gegen die Folter getroffen worden seien. Es kann andererseits kein Zweifel bestehen, dass sich die US-Regierung mit dieser restriktiven Interpretation den Spielraum für die bisherige und auch künftige Praxis der „Überstellungen" oder „extraordinary renditions" erhält. Gerade in Bezug auf diese Überstellungen ging die Kritik dahin, dass damit Personen durch US-Streitkräfte oder vor allem Geheimdienste auf extrajudiziellem Wege zu Verhören in Länder überstellt werden, in denen eine Foltergefahr bzw. sogar eine einschlägige nachweisbare Praxis besteht. In diese Richtung ging in Europa auch primär die Kritik im Zusammenhang mit den so genannten geheimen CIA-Überflügen, die Gegenstand der im Europarat und im Europäischen Parlament unter großer Medienaufmerksamkeit untersuchten Praktiken unter angeblicher Mitwirkung europäischer Staaten waren.

Von dieser Diskussion wurde auch die Haltung zu der in Europa insbesondere nach schlechten schwedischen Erfahrungen[39] nur mehr sehr zurückhaltend oder gar nicht angewendete Praxis der „diplomatic assurances" betroffen. Der Effektivität von Zusicherungen auf diplomatischem Wege, dass Personen im Falle ihrer Auslieferung oder Abschiebung nicht der Folter oder grausamen, unmenschlichen oder entwürdigenden Behandlung unterliegen, wurden demnach mit großer Skepsis oder überhaupt Ablehnung begegnet.[40] Die öffentliche Diskussion über die amerikanischen Überstellungspraktiken hat den Druck auf eu-

---

38 Zur diesbezüglichen US-Haltung (ausgedrückt durch *John Bellinger*) vor dem Antifolterkomitee: *D. M. Amann*, The Committee Against Torture Urges an End to Guantánamo Detention, ASIL Insight vom 8. 6. 2006.
39 Zu den Fällen *Agiza* u. *El-Zari* (*Schweden – Ägypten*) s. *N. Larsaeus*, The Use of Diplomatic Assurances in the Prevention of Prohibited Treatment, University of Oxford Refugee Studies Centre Working Papers Nr. 32 (2006), 16 f.
40 Vgl. die Aussage von *Manfred Nowak* zur Ineffektivität von „post-return-Maßnahmen", zit. nach *Larseus* (FN 39), 18.

ropäische Regierungen, von der Praxis solcher Zusicherungen mangels Effektivität abzusehen, noch entscheidend erhöht. Daher gibt es auch noch keinen vollständig übereinstimmenden Zugang der EU-Mitglieder zu dieser Frage, die auch für europäische Staaten im Zusammenhang mit einer effektiven Bekämpfung nicht nur des Terrorismus, sondern auch des organisierten Verbrechens von wachsender Bedeutung ist. Umso mehr wird die Frage geeigneter Methoden der effektiven Sicherstellung, dass Personen gerade auch im Zusammenhang mit unzweifelhaft legalen und vertraglich begründeten Fällen der Auslieferung oder Abschiebung keinem Risiko einer Folter oder Misshandlung unterliegen, weiterhin Gegenstand des Dialogs bleiben müssen.

IX. „Extraordinary Renditions" – extrajudizielle Überstellungen

Extrajudizielle Überstellungen von Gefangenen („extraordinary renditions"), das heißt die Gefangennahme und Verbringung von Personen außerhalb geregelter völkerrechtlicher Verfahren, werden aus europäischer Sicht als illegal und daher allgemein verboten angesehen. Auch wenn die Legalität solcher – offensichtlich durchaus vielfältiger – Praktiken im Detail noch nicht erschöpfend untersucht worden sind, wird diese Grundhaltung von EU-Mitgliedsstaaten relativ einhellig vertreten.

Bezüglich des Rechtsschutzes von Personen, die in einem internationalen bewaffneten Konflikt festgenommen wurden, besteht aus europäischer Sicht die Regelung des Art. 12 GK III (oder bei Zivilpersonen Art. 45 GK IV), wonach sich ein Gewahrsamsstaat vor der Überstellung an eine andere Macht zuvor zu überzeugen hat, dass diese Macht Vertragspartei der GK und willens und in der Lage ist, das Recht der Konventionen anzuwenden. Unterschiede zur amerikanischen Haltung ergeben sich insofern, als die US-Seite hier von einer strikten Interpretation ausgeht, wonach diese Regel nach dem Wortlaut der erwähnten Bestimmungen nur für Kriegsgefangene bzw. geschützte Personen gelte und nicht als allgemeine Regel für alle im Zuge eines Konfliktes gefangen genommenen Personen. Diese Haltung ist eine logische Folge der nach wie vor restriktiven US-Haltung zum Rechtsschutz für „unlawful enemy combatants".

Weiters vertritt die US-Regierung relativ kategorisch die Haltung, dass die Praxis extrajudizieller Überstellungen sich als Methode für die effektive Bekämpfung des Terrorismus seit vielen Jahren bewährt hätte und daher für die US-Regierung weiterhin unverzichtbar sei. Die US-Administration bestreitet eine allgemeine Illegalität solcher Maßnahmen, insbesondere wenn sie im Einvernehmen mit den Staaten erfolgen, deren Jurisdiktion die jeweiligen Personen unterstehen.

In diesem Bereich liegen die Grundhaltungen der EU und der USA nach wie vor substantiell auseinander. Dies gilt vor allem für Geheimdienstmaßnahmen und im Zuge von solchen Tätigkeiten verwendete geheime Anhalteorte („Geheimgefängnisse"). Da Geheimdienstmaßnahmen in den USA jedoch keiner öffentlichen Diskussion unterliegen, ist hier auch die Möglichkeit des Dialogs entscheidend eingeschränkt.

X. „Geheimgefängnisse" – „Incommunicado"-Anhaltung

Bei Geheimgefängnissen kam die Haltung der EU im Zuge der öffentlichen Diskussion und Untersuchungen im Rahmen des Europarates und des Europäischen Parlaments über die „CIA-Überflüge und Geheimgefängnisse" unmissverständlich zum Ausdruck: Jeder Freiheitsentzug, der Gefangene außerhalb des gesetzlich vorgesehenen Rechts- und Verfahrensschutzes stellt, ist illegal. Auch wird das Festhalten von Personen an geheimen Orten in einem „rechtlichen Vakuum" als nicht völkerrechtskonform angesehen. Auch wenn im Genfer Recht (Art. 76 GK III und Art. 5 GK IV) die Möglichkeit vorgesehen ist, für bestimmte Personen das Kommunikationsrecht einzuschränken, müssen dennoch alle Internierten zumindest beim IKRK registriert werden.

Die EU hält weiters die sog. „Incommunicado"-Anhaltung, d. h. Anhaltung ohne Mitteilung zumindest an das IKRK, grundsätzlich für menschenrechtswidrig, außer für gesetzlich vorgesehene außergewöhnliche Situationen, für eine begrenzte Zeit und unter Einhaltung ordentlicher Rechtsverfahren. Dies ergibt sich aus den in Art. 9 des VN-Zivilpaktes enthaltenen Grundsätzen.

Das Argument mit dem Rechtsvakuum wird von der US-Seite wiederum für Personen, die als „unlawful enemy combatants" angesehen werden, nicht geteilt.

Die US-Regierung erkennt ihrerseits grundsätzlich an, dass niemand rechtswidrig angehalten werden darf. Allerdings stellt die US-Regierung hier einen Graubereich fest, der verschiedene Auslegungen zulässt. Auch erkennen die USA die Verfahrensvorschriften einschließlich des Rechts auf den gesetzlichen Richter für den territorialen Anwendungsbereich des II. Menschenrechtspaktes durchaus an, hinterfragen jedoch offensichtlich eine daraus ableitbare Verpflichtung, jede Anhaltung einer dritten Stelle mitzuteilen. Andernfalls würde die US-Regierung die von Präsident George Bush öffentlich verteidigte Praxis der geheimen Anhaltung[41] rechtlich nicht vertreten können.

---

41 Aussagen von Präsident *George W. Bush* vom 6. 9. 2006 zit. nach *CNN*, Bush: CIA holds terror suspects in secret prisons, http://www.cnn.com, 7. 9. 2006.

F. Zusammenfassende Schlussfolgerungen

Die Inhalte des 2006 begonnenen EU-USA-Dialoges konnten hier nur unvollständig und kursorisch skizziert werden, zumal auf die im Zuge des Dialogs vorgebrachten Überlegungen im Einzelnen nicht eingegangen werden konnte.

Auch wenn es gelang, sich im Zuge des Dialogs in vielen Bereichen vor allem im Detail einander anzunähern, so bleibt doch der grundsätzlich unterschiedliche Ansatz bestehen: Die EU-Mitgliedsstaaten interpretieren den menschenrechtlichen und humanitärrechtlichen Rechtsschutz auch für Personen, die unter Terrorverdacht stehen bzw. die nicht eindeutig unter die geschützten Personengruppen der Genfer Konventionen und Zusatzprotokolle fallen, weit. Das Folterverbot wird als universell geltendes *jus cogens* und geheime Anhaltung und extrajudizielle Überstellungen werden generell als verboten angesehen.

Die US-Administration hat durch Anwendung des sog. „Kriegsparadigmas" – d. h. durch Anwendung von Haager und Genfer Konfliktsrecht auf die Bekämpfung der Al Kaida und sie unterstützender Gruppen wie den Taliban – zum Teil konfliktrechtliches Neuland betreten. Die von der US-Regierung im Gefolge der Anschläge vom 11. 9. 2001 angewendete überaus restriktive Interpretation des Rechtsschutzes fremder Personen, die im Zweifel als illegale Kombattanten bzw. Terrorverdächtige eingestuft wurden, lässt sich letztlich weder international noch intern aufrechterhalten. Die Anwendung des an sich hohen Rechtsschutzstandards nach amerikanischem Recht und der US-Verfassung wurde durch extraterritoriale Festhaltung von Gefangenen und Internierten – insbesondere im Militärlager in Guantánamo – umgangen. Das Vertrauen in die amerikanische Rechtsstaatlichkeit wurde dadurch nachhaltig erschüttert. Der Supreme Court hat dieser Entwicklung insbesondere durch seine rechtsschutzfreundliche Rechtsprechung im Fall *Hamdan vs. Rumsfeld* entgegengewirkt. Auch legislative Korrekturen dieser Rechtsprechung insbesondere durch den MCA dürften daher eine Rechtsentwicklung nicht aufhalten, die zu einem wesentlich verbesserten Rechtsschutz für die in Guantánamo festgehaltene Personengruppe führen wird. Diese Erwartung ergibt sich vor allem aus der vom Supreme Court zuletzt entwickelten Judikatur, aus einem laufenden Lernprozess innerhalb der amerikanischen Öffentlichkeit sowie im Lichte geänderter Mehrheitsverhältnisse im US-Kongress.

Der Dialog zwischen Rechtsberatern, obwohl reichlich spät begonnen, konnte daher sicherlich zur Meinungsbildung zumindest innerhalb der US-Administration beitragen. Dies wurde und wird insbesondere durch die mutige und offene Bereitschaft des amerikanischen Rechtsberaters *John Bellinger* zur offenen fachlichen Auseinandersetzung gefördert. Gleichzeitig hat diese offene Auseinandersetzung auch zu einem vertieften Verständnis der zugrundeliegenden Probleme und einer realistischeren Bewertung der Lösungsmöglichkeiten auf europäischer Seite geführt.

Es muss anerkannt werden, dass der globale Terrorismus bisher geltende Paradigmen des menschenrechtlichen und humanitärrechtlichen Rechts- und Verfahrensschutzes vor neue Herausforderungen stellt. Der von den USA ursprünglich eingeschlagene Weg einer extensiven Interpretation von technischen Rechtsschutzlücken zwischen den Menschenrechten und dem humanitären Recht zur vermeintlichen Erweiterung der Effektivität von robusten militärischen, sicherheitspolizeilichen und geheimdienstlichen Durchsetzungsmaßnahmen hat sich de facto disqualifiziert. Diese Praktiken haben mit der Schwächung der Glaubwürdigkeit der amerikanischen Rechtsstaatlichkeit auch die Legitimität des Kampfes gegen den Terrorismus untergraben und die Illegitimität des internationalen Terrorismus relativiert. Gleichzeitig hat dies den Spielraum für die Sicherheitsbehörden beiderseits des Atlantiks im Angesicht einer gegenüber dem Rechtsschutz und persönlichen Freiheiten immer sensibleren Öffentlichkeit zweifellos eingeschränkt. Beides hat die Position etwa von Al Kaida eher gestärkt als geschwächt. Dies wird auch in der öffentlichen Diskussion in den USA zunehmend erkannt.

Der Dialog hat geholfen, diese Herausforderungen und die komplexen Rechtsprobleme und geeignete Antworten darauf tiefgehender als je zuvor zu durchforsten. Gerade auch im Sinne des rechtsschutzfreundlichen europäischen Zugangs auch für eine Personengruppe, die selbst den rechtsstaatlichen Prinzipien und der Einhaltung der Genfer Konventionen abhold sein mag, wird man sich wohl flexibleren Zugängen auch auf der Basis des Genfer Rechts öffnen müssen. Dies gilt insbesondere für die Anwendung des Kriegsrechts auf Zivilisten, die sich terroristischer Mittel zur Erreichung im Wesentlichen militärischer Ziele bedienen. Internationale legislative bzw. kodifikatorische Maßnahmen mit genügend weiter Akzeptanz erscheinen hier auf absehbare Zeit kaum erreichbar.

Daher kann ein gangbarer Weg nur in einer Fortentwicklung der Anwendung des geltenden vertraglichen und gewohnheitsrechtlichen Kriegs- und Konfliktsrechts auf transnationale terroristische Organisationen durch rechtsschutzfreundliche Interpretation bestehender Regeln, insbesondere auch des Völkergewohnheitsrechts liegen. Dies kann sowohl durch Gerichte als auch durch militärische und administrative Behörden – etwa durch entsprechende Gestaltung von Handbüchern wie des Army Field Manuals und die Vorbereitung rechtsschutzfreundlicher legislativer Maßnahmen z. B. im Bereich der Militärgerichtsbarkeit – geschehen.

Die Lösung kann nicht in einer restriktiven Abgrenzung der Anwendbarkeit des Konfliktrechts gegenüber menschenrechtlichem Rechtsschutz etwa durch eine formalistische Anwendung der lex specialis-Regel zugunsten des Konfliktsrechts im Falle einer Normenkollision liegen, sondern im Gegenteil. In diese Richtung weist auch die Rechtsprechung des IGH im „Mauer"-Gutachten. Die Identifizierung von Völkergewohnheitsrecht sollte dabei gewohnheitsrechtliche Aspekte des Menschenrechtsschutzes mit einschließen. Mit der Globalisierung des Kampfes gegen den Terrorismus muss auch eine Globalisierung des Rechtsschutzes einhergehen. Das heißt, der Rechtsschutz darf nicht durch restriktive Interpretation des territorialen Anwendungsbereiches völkervertraglichen Rechtsschutzes hinter der globalen Beweglichkeit des Antiterrorismuskampfes zurückbleiben. Er wird vielmehr zunehmend „personalisiert" bzw. „funktionalisiert" werden müssen, das heißt denjenigen Personen folgen, die auch außerhalb ihres eigenen Territoriums andere Personen in ihrer Gewalt haben.

Die Entwicklungen in der amerikanischen Rechtsprechung, der legislativen und administrativen Praxis sollen daher nicht allein ständiger Gegenstand apodiktischer internationaler Kritik mit anti-amerikanischem Einschlag sein. Vielmehr gab und gibt der fortgesetzte Dialog der Rechtsberater die Möglichkeit, sich den amerikanischen Erfahrungen zu öffnen und bei der Bewältigung der Rechtsfragen ein Partner zu sein. Denn die amerikanischen Erfahrungen – positive ebenso wie negative – können auch für Europa und andere Regionen von größtem Nutzen sein. Umso größer ist das Interesse an der Erhaltung bzw. dem Wiederaufbau des Glaubens an die Rechtsstaatlichkeit der USA und ihrer europäischen Partner bei gleichzeitiger Verbesserung der Rahmenbedingungen für eine effektivere Bekämpfung des globalen Terrorismus.

Das absolute Folterverbot – Aktuelle Herausforderungen im Kampf gegen den Terrorismus

Manfred Nowak und *Roland Schmidt**

> „All I want to say is that there was 'before' 9/11 and 'after' 9/11. After 9/11 the gloves come off."
>
> Cofer Black, ehemaliger Direktor des Zentrums für Antiterrorismus der CIA vor dem Geheimdienstausschuss des Kongresses, 26. 9. 2002

A. Einleitung

Die Anschläge vom 11. 9. 2001 und der daran anschließend von Präsident *Bush* erklärte „Krieg gegen den Terror" stellen ohne Zweifel einen Wendepunkt in den weltweiten Bemühungen zur Ächtung der Folter dar. Im Glauben daran, dass der Zweck die Mittel heilige, sowie im Verständnis, dass außergewöhnliche Umstände außergewöhnliche Maßnahmen[1] benötigen, begann die US-Regierung ab 2001 ihre bis dahin im Wesentlichen klare Anti-Folter-Position zu verlassen und – wie auch andere Bereiche des Menschen- und Grundrechtsschutzes – den Prioritäten der Terrorismusbekämpfung unterzuordnen.

Die Misshandlung von Terrorverdächtigen, so die utilitaristisch angehauchte Überlegung, würde entscheidende Informationen zur Verhinderung von weiteren Anschlägen in den USA und zum Schutz der im Einsatz befindlichen Truppen in Afghanistan und im Irak liefern, sei daher legitim und gemäß eigener Rechtsgutachten auch im Einklang mit den eingegangenen völkerrechtlichen Verpflichtungen. Wenngleich die US-Administration in ihrer Rhetorik bis dato daran festhält, dass die von ihr autorisierten Methoden nicht Folter gleichkommen,[2] so ist dieser Politikwechsel *de facto* der erste Versuch seit dem Zweiten Weltkrieg, die Absolutheit des Folterverbots aufzubrechen.

---

* Univ.-Prof. Dr. *Manfred Nowak* lehrt Internationalen Menschenrechtsschutz an der Universität Wien und ist Leiter des Ludwig Boltzmann Instituts für Menschenrechte, Wien, sowie Sonderberichterstatter der Vereinten Nationen für Folter. Der vorliegende Artikel basiert auf der Präsentation des Autors am Völkerrechtstag 2007 und wurde gemeinsam mit MMMag. *Roland Schmidt*, wissenschaftlicher Mitarbeiter am Ludwig Boltzmann Institut für Menschenrechte, ausgearbeitet.

1 *M. A. Fletcher*, Bush signs Terrorism Measure, Washington Post, 18. 10. 2006.
2 *Associated Press*, Bush defends treatment of terrorism suspects, says US 'does not torture', International Herald Tribune 6. 10. 2007.

Das Novum daran und damit auch der Unterschied zu all jenen anderen Staaten, in denen ebenfalls und oftmals auch in einem viel größerem Ausmaß gefoltert wurde und wird, ist der Umstand, dass das Folterverbot selbst in Frage gestellt wird. Während die Folterer z. B. in den lateinamerikanischen Militärdiktaturen sich des international vorherrschenden Konsenses bezüglich der moralischen Verwerflichkeit und Illegalität ihrer Taten bewusst waren und daher ihre Opfer im Geheimen quälten, ist es heute mit den USA ein demokratischer Staat, der das Folterverbot grundsätzlich in Frage stellt und somit das Tabu bricht.

Im Rahmen des vorliegenden Artikels sollen die entscheidenden Elemente dieses „Tabubruchs" dargestellt werden. Dabei soll eingangs die menschenrechtliche Grundlage des Folterverbots gemäß der VN-Konvention gegen die Folter vorgestellt werden und dessen Sonderstellung als absolutes und notstandsfestes Verbot unterstrichen werden. In Gegenüberstellung dazu sollen anschließend symptomatische Beispiele für diese Unterwanderung aufgezeigt werden.

B. Die Definition von Folter und ihr Verbot[3]

Art. 1 der VN-Konvention gegen die Folter enthält eine Definition von Folter, die auf vier entscheidenden Elementen fußt: 1. der Zufügung schwerer physischer und/oder psychischer Schmerzen oder Leiden; 2. staatliche Zurechenbarkeit; 3. Vorsatz und Zweckgerichtetheit; und 4. Ohnmacht, Wehrlosigkeit des Opfers, das sich völlig in der Gewalt des Folterers befindet.

Ob ein Schmerz oder Leiden als „schwer" einzustufen ist, bedarf sowohl einer subjektiven wie auch objektiven Beurteilung, die die physischen und psychischen Auswirkungen auf das konkrete Opfer in seiner individuellen Situation (z. B. Alter, Geschlecht, Religionszugehörigkeit) mitberücksichtigt.[4] Festzuhalten ist in diesem Zusammenhang auch, dass es irrelevant ist, ob ein Folteropfer nach der eigentlichen Misshandlung Verletzungen aufweist, weiter Schmerzen verspürt, oder gar bleibende Schäden davonträgt. Es ist gerade diese Vermischung mit dem Straftatbestand der Körperverletzung, die dazu führt, dass jener der Folter in den meisten Staaten nicht entsprechend, und wie in der VN-

---

3 Für eine umfangreiche Analyse der Art. 1 und 16 der VN-Konvention gegen die Folter s. *M. Nowak/E. McArthur*, The Distinction between Torture and Cruel, Inhuman or Degrading Treatment, Torture 2006, Nr. 16, 147–151; *M. Nowak/E. McArthur*, The United Nations Convention Against Torture: A Commentary, Oxford 2008; *M. Nowak*, What Practices Constitute Torture?: US and UN Standards, Human Rights Quarterly 2006, Nr. 28, 809–841.
4 Vgl. EGMR, Urteil vom 18. 1. 1978, *Irland vs. Vereinigtes Königreich.*

Folterkonvention hingegen verpflichtend vorgesehen, im Strafgesetz berücksichtigt wird.[5]

Gemäß der VN-Konvention gegen die Folter muss eine Tat, um als Folter qualifiziert werden zu können, einem staatlichen Akteur zuordenbar sein. Diese Zuordenbarkeit geht jedoch über das Staatsorgan als unmittelbaren Peiniger hinaus und deckt auch jene Situationen ab, in denen Private durch die Veranlassung oder mit dem ausdrücklichen oder stillschweigenden Einverständnis des Staatsorgans einen Dritten quälen. Die traditionelle vertikale Interpretation der Folterkonvention sowie von internationalen Menschenrechtsinstrumenten im Allgemeinen, gemäß der das Individuum ausschließlich vor Verletzungen durch den Staat geschützt werden soll, wurde im Laufe der Jahre durch die Judikatur des VN-Auschusses gegen die Folter beeinflusst wie auch von Entwicklungen im Rahmen anderer regionaler oder internationaler strafrechtlicher Instrumente aufgebrochen und zunehmend um eine horizontale Ebene ergänzt.[6] Dieser Aspekt ist, wie noch genauer zu erläutern sein wird, von besonderer Bedeutung für die Beurteilung von Misshandlungen durch private Sicherheitsfirmen, wie z. B. in Abu Ghraib.

Folter findet immer mit Vorsatz statt, kann also nie durch Fahrlässigkeit verursacht werden, und wird zur Erfüllung eines bestimmten Zwecks ausgeführt. Exemplarisch nennt Art. 1 die Erlangung einer Aussage oder eines Geständnisses, die Strafe für zur Last gelegte Taten, Einschüchterung oder jeden anderen auf irgendeiner Art von Diskriminierung beruhenden Grund.

Folteropfer befinden sich immer in einer Situation vollkommener Ausgeliefertheit und Wehrlosigkeit gegenüber ihren Peinigern. Sie sind in der Regel in Haft bzw. ihrer Freiheit entzogen[7] und werden hinter verschlossenen Türen, abseits jeder öffentlichen Kontrolle misshandelt. Es ist vor allem diese völlige Ohnmacht und Verletzbarkeit des Opfers, die die besondere Schwere des Verbrechens ausmacht. Folter ist eine spezifische Ausprägung der Gewalt und immer ein direkter Angriff auf die Würde und persönliche Integrität.

---

5 Vgl. Art. 4 VN-Konvention gegen die Folter.
6 Report of the UN Special Rapporteur on Torture to the UN Human Rights Council vom 15. 1. 2008, VN Dok. A/HRC/7/3; *Velásquez Rodríguez*-Fall, Urteil vom 29. 7. 1988, Inter-Am Ct. H.R. (Ser. C) No. 4 (1988); *W. A. Schabas*, The Crime of Torture and the International Criminal Tribunals, Case Western Reserve Journal of International Law 2006, Nr. 37, 349.
7 Vgl. Art. 7 Abs. 2. lit. e des Rom Statuts des Internationalen Strafgerichtshofs: „in the custody or under the control of the accused".

Neben der Folter gemäß der oben angeführten Definition bezieht sich die VN-Konvention gegen die Folter in Art. 16 auch auf grausame, unmenschliche oder erniedrigende Behandlung oder Strafe. Diese ist ebenfalls in eindeutiger Art und Weise verboten und durch keine Ausnahme zu rechtfertigen. Für Folter wie auch grausame und unmenschliche Behandlung muss die Bedingung der Zufügung von schwerem Schmerz oder Leiden erfüllt sein. Falls eine Maßnahme darauf abzielt, das Opfer zu demütigen, liegt eine erniedrigende Behandlung auch dann vor, wenn die Grenze von schwereren Schmerzen oder Leiden nicht erreicht ist. Jegliche physische wie auch psychische Misshandlung, von einer Ohrfeige bis hin zur Beleidigung, stellt zumindest erniedrigende Behandlung dar. Sobald die Tat jedoch schweren Schmerz oder schweres Leiden verursacht, kommt sie grausamer und unmenschlicher Behandlung gleich. Sind zusätzlich die Kriterien der Ohnmacht, des Vorsatzes und/oder eines bestimmten Zwecks erfüllt, so handelt es sich um Folter.

C. Das Folterverbot als absolute und notstandsfeste Norm

Das Folterverbot gehört heute zu den am stärksten rechtlich verankerten Menschenrechten und genießt eine Sonderstellung in seiner Eigenschaft als absolutes und notstandsfestes Recht. Dieser rechtlich vorgesehene hohe Schutz erklärt sich aus den leidvollen historischen Erfahrungen, die spätestens vom Mittelalter bis in die 1970er-Jahre reichen bzw. vielerorts bis heute andauern. Im Mittelalter war Folter ein fester Bestandteil der Strafprozessordnung und wurde systematisch zur Erpressung von Geständnissen angewendet. Unter dem Einfluss des Rationalismus und der Aufklärung sowie des Humanismus im 18. und 19. Jahrhundert wurde die Folter in Europa verboten und weitgehend zurückgedrängt. *De facto* wurde sie jedoch in vielen Ländern weiterhin verwendet. Den traurigen Höhepunkt erreichte die Anwendung der Folter zweifelsohne im Dritten Reich sowie während der *Stalin*-Ära, in deren Verlauf sie in einem bis dato unbekannten Ausmaß zur Anwendung kam.

Wie so oft in der Entwicklung des Menschenrechtsschutzes war es auch im Fall der Folter eine Gegenreaktion zu schwerwiegenden, systematischen Verletzungen, die schließlich zu einem höheren Schutzniveau führen sollte. Während es in Westeuropa unter dem Eindruck der Gräuel des Zweiten Weltkrieges ab 1945 zu wesentlichen Verbesserungen kam, wurde die Anwendung der Folter durch südamerikanische Militärdiktaturen im Verlauf der 1970er-Jahre wieder zu einem Massenphänomen. Initiiert von Amnesty International und dokumentiert in dessen „Report on Torture"[8] begannen eine Reihe von zivilgesellschaftlichen Initia-

---

8 *Amnesty International*, Report on Torture, London 1975.

tiven auf das Phänomen aufmerksam zu machen und für einen umfassenderen Schutz vor Folter zu kämpfen.

Heute gibt es mehrere regionale und internationale menschenrechtliche Instrumente mit dem Ziel, Folter zu bekämpfen: Neben den folterspezifischen Artikeln in allgemeinen Menschenrechtspakten wie Art. 7 IPBPR, Art. 3 EMRK, Art. 5 AfrMRK und Art. 5 AMRK stellen die VN-Konvention gegen die Folter (1984/1987) sowie das dazugehörige Fakultativprotokoll (2002/2006), die Interamerikanische Konvention zur Verhütung und Bestrafung von Folter (1985/1987) und die Europäische Konvention zur Verhütung von Folter und unmenschlicher oder erniedrigender Behandlung oder Strafe (1987/1989) spezifische Instrumente zum Kampf gegen die Folter dar.

Darüber hinaus qualifiziert das Rom Statut des Internationalen Strafgerichtshofs Folter als Verbrechen gegen die Menschlichkeit, wenn als Teil eines ausgedehnten und systematischen Angriffs gegen die Zivilbevölkerung zugefügt.[9] Als Instrument des Fact-Finding wurde von den VN das Mandat des VN-Sonderberichterstatters über Folter eingerichtet (1985) sowie zur Unterstützung der Rehabilitationsbemühungen von Folteropfern der VN-Fonds für Folteropfer (1981).

Wie kaum ein anderes Verbot ist jenes von Folter wie auch von grausamer, unmenschlicher oder erniedrigender Behandlung oder Strafe eine absolute und notstandsfeste Norm.[10] Demzufolge gibt es keine wie auch immer begründete Situation, die deren Anwendung erlauben würde. Das Folterverbot geht somit weiter als das Recht auf Leben, das in gewissen Situationen („Rettungsschuss") aufhebbar ist. Die Notstandsfestigkeit des Folterverbots bezieht sich auf die Unmöglichkeit für Staaten, diese Norm in Krisenzeiten zu derogieren. Nur sehr wenige andere Verbote, wie jenes von Sklaverei, Sklavenhandel oder der retroaktiven Anwendung von Strafgesetzen, genießen einen vergleichbaren Schutz. Unabhängig von den oben genannten menschenrechtlichen Instrumenten gilt es in der juristischen Literatur als etabliert, dass das Folterverbot Teil des internationalen Gewohnheitsrechtes ist und den Rang von *jus cogens* einnimmt.[11] Diese Sonderstellung wird von den USA grundsätzlich anerkannt und im Restatement of the Foreign Relations Law of the United States, der autoritativen Abhandlung zu diesem Thema, auch entsprechend festgehalten.[12]

---

9 Art. 7 lit. f ICC-Statut.
10 *Nowak/McArthur* (FN 3), Art. 16.
11 *B. Simma/P. Alston*, Sources of Human Rights Law: Custom, Jus Cogens, and General Principles, Australian Year Book of International Law 1988, Bd. 12, 82.
12 *K. Roth*, Getting Away with Torture. Global Governance 2005, Nr. 11, 389–406.

Hervorzuheben ist in diesem Zusammenhang erneut das Verhältnis zwischen Folter und grausamer, unmenschlicher und erniedrigender Behandlung oder Strafe und das Faktum, dass beide absolut und notstandsfest verboten sind. Während die Anwendung von staatlich sanktionierter Gewalt, z. B. im Rahmen der Festnahme eines flüchtenden Verdächtigen, erlaubt ist, muss diese gemäß dem Verhältnismäßigkeitsprinzip angewendet werden. Ist die Gewaltanwendung beispielsweise demütigend, so liegt erniedrigender Behandlung vor. Steht die angewendete Gewalt in keinem rechtfertigbaren Verhältnis zum eigentlichen Zweck (hier: die Festnahme) und verursacht sie darüber hinaus auch noch schwere Schmerzen, so entspricht dies grausamer und unmenschlicher Behandlung. Sobald die fliehende Person jedoch verhaftet wurde, sich also unter vollständiger Kontrolle befindet, kommt das Verhältnismäßigkeitsprinzip nicht mehr zur Anwendung. Jegliche Anwendung von Gewalt gegen eine inhaftierte und wehrlose Person, die schwere Schmerzen oder Leiden bewirkt und einem bestimmten Zweck wie der Erpressung eines Geständnisses dient, ist Folter.

D. Aushöhlung und Umgehung des Folterverbots

Im folgenden Teil sollen exemplarisch einzelne Elemente der gegenwärtigen Unterwanderungsbestrebungen bezüglich des absoluten Folterverbots dargelegt werden.

I. Enge Folter-Definition und Relativierung von „cruel or inhuman treatment or punishment"

Gemäß der offiziellen Rhetorik verurteilen die USA die Anwendung von Folter und haben wiederholte Male erklärt, selber nicht zu foltern. Die Diskrepanz zwischen diesen Behauptungen und den tatsächlich autorisierten und angewandten Verhörmethoden sowie Haftbedingungen lässt sich damit aufklären, dass die *Bush*-Administration, auf der Basis verschiedener interner Rechtsgutachten, die bis dahin unangezweifelte Geltung bzw. Interpretation der VN-Konvention gegen die Folter sowie anderer relevanter internationaler Rechtsinstrumente in Frage stellte bzw. neu bewertete.[13] Diese Neubewertungen fußen erstens auf einer exzessiven Interpretation des Kriteriums „schwere Schmerzen oder Leiden" und zweitens auf einer Relativierung von grausamer, unmenschlicher und erniedrigender Behandlung oder Strafe.

In Reaktion auf die Anschläge vom 11. 9. 2001 und aus dem Interesse heraus, möglichst ungebunden von menschenrechtlichen Normen im ausgerufenen

---

13 *J. Mayer*, The Memo, New Yorker 2006, Nr. 9, 57.

„Krieg gegen den Terror" agieren zu können, erstellten Rechtsberater im Justizministerium sowie um den späteren Generalstaatsanwalt und damaligen Rechtsberater des Präsidenten, *Alberto Gonzales*, eine Reihe von Rechtsgutachten, die später als die „Torture Memos" in die Literatur eingehen sollten.[14] Am drastischsten, aber dennoch für die grundsätzliche Ausrichtung der weiteren Memoranden exemplarisch, hält der stellvertretende Generalanwalt *Jay S. Bybee* in seinem Gutachten fest, dass „[p]hysische Misshandlung nur dann als Folter qualifiziert werden [kann], wenn sie zu einer ernsthaften Einschränkung körperlicher Funktion, Organversagen oder Tod führt. [...] Psychische Misshandlung muss zu langfristigen psychischen Störungen führen, um als Folter anerkannt werden zu können."[15] Weiters wurde das absolute Verbot von grausamer und unmenschlicher Behandlung insofern in Abrede gestellt, als dass dieses im Kampf gegen den Terrorismus im Kontext der Verhältnismäßigkeit bewertet werden und angesichts der drohenden Anschläge die Zufügung von schwerem Schmerz und Leiden – auch von Festgenommenen – erlauben müsse. Dieses Rechtsverständnis war lange Zeit die Grundlage für die Anordnung brutaler Verhörmethoden, die das stundenlange Verharren in Stresspositionen, die Entkleidung von Häftlingen, Isolationshaft, Schlafentzug, die Ausnützung von individuellen Phobien, extremen Temperaturen und Lärm inkludierten. Wie wir heute wissen, waren diese Rechtsauffassungen auch innerhalb des Pentagons nicht unumstritten.[16]

Zu einer Neubewertung der Memoranden kam es erst, als 2004 die Folterfälle von Abu Ghraib an die Öffentlichkeit kamen. Verteidigungsminister Rumsfeld zog einige der Memoranden zurück, an den autorisierten Verhörmethoden änderte sich jedoch nichts. Erste Schritte auf einer legislativen Ebene, um sich wieder auf den Boden des internationalen Menschenrechtsschutzes zu begeben, wurden im Herbst 2005 durch den von Senator *John McCain* gesponserten Detainee Treatment Act gemacht. Folglich wurde es Angehörigen der US-Streitkräfte im In- wie im Ausland verboten, grausame, unmenschliche oder erniedrigende Behandlung zuzufügen sowie Verhörmethoden, die nicht im US Army Field Manual on Intelligence Interrogations enthalten sind, anzuwenden. Letzte-

---

14 *K. J. Greenberg/J. L. Dratel*, The Torture Papers: The Road to Abu Ghraib, Cambridge 2005.
15 *J. S. Bybee*, Memorandum for Alberto R. Gonzales, Counsel to the President, Re: Standards of Conduct for Interrogation under 18 USC 2002, §§ 2340–2340A, US Department of Justice, Office of Legal Counsel, Nr. 1, 172–214.
16 *Alberto Mora*, General Counsel der Navy, oder *William H. Taft IV*, Rechtsberater im Außenministerium, wiesen ihre Vorgesetzten schon früh darauf hin, dass die autorisierten Verhörmethoden relativ leicht das Ausmaß von Folter erreichen könnten. Ihre Einwände blieben jedoch ohne Konsequenz, vgl. Mayer (FN 13).

re Beschränkung betraf jedoch nicht CIA-Angehörige, deren Direktoren die Anwendung von „Waterboarding" – dem simulierten Ertrinkenlassen – als „professionelle Verhörtechnik"[17] bezeichneten und deren Anwendung in drei Fällen eingestanden haben.[18] Der jüngste Versuch des US-Kongresses, genau diese Lücke zu schließen und die CIA ebenfalls an das Army Field Manual zu binden, scheiterte an einem Veto des Präsidenten.[19]

II. „Ticking Bomb Scenario" und die Rolle von Wissenschaftern

Die oben angeführten juristischen Bemühungen, das absolute Folterverbot aufzuweichen, finden ihre Entsprechung auch auf akademisch-theoretischer Ebene. Der wohl prominenteste Vertreter in diesem Zusammenhang ist *Alan Dershowitz*.[20] Der Professor an der Harvard Law School vertritt die These, dass Folter in Extremsituationen, wie dem „Ticking Bomb Scenario", zwangsläufig angewendet wird und daher einer rechtlichen Regulierung und keinem Verbot bedarf. Beamte, so *Dershowitz*, die einen Verdächtigen verhören, der Informationen zum Ort einer „ticking bomb" besitzt, die das Leben unzähliger unschuldiger Menschen gefährdet, würden von sich heraus zum Schutz der bedrohten Personen zur Folter greifen. Anstatt den einzelnen Beamten in dieser Extremsituation jedoch alleine und in der Illegalität zu lassen, fordert *Dershowitz* die richterliche Autorisierung von Folter durch einen „torture warrant".

In eine ähnliche Richtung argumentiert auch *Winfried Brugger*, Professor für Rechtsphilosophie an der Universität Heidelberg, indem er das Konzept der Rettungsfolter anbietet.[21] Dabei bezieht er sich u. a. auf den Entführungsfall des elfjährigen *Jakob von Metzler* in Frankfurt im September 2002. Die Polizei hatte zwar den Entführer bereits gefasst, dieser gab jedoch den Aufenthalt des mit dem Tod bedrohten Jungen nicht preis. Als der damalige Frankfurter Polizeipräsident *Daschner* daraufhin mit der Anwendung von Folter drohte, reichte dies bereits, um den Aufenthaltsort des allerdings schon zuvor verstorbenen Kindes zu erfahren. Interessanterweise, und im Gegensatz zu *Bruggers* und auch *Dershowitzs* Thesen, fand sich innerhalb der Frankfurter Polizei niemand, der aufgrund der zweifelsohne extremen Situation bereit gewesen wäre, die von *Daschner* angedrohten Folterungen auch durchzuführen. *Daschner* wurde vom Frank-

---

17 *Human Rights Watch*, CIA Whitewashing Torture, 2005, http://www.hrw.org/english/docs/2005/11/21/usdom12069.htm.
18 *BBC*, CIA admits waterboarding inmates, 5. 2. 2008.
19 *BBC*, Bush vetoes interrogation limits, 8. 3. 2008.
20 *A. Dershowitz*, Want to torture? Get a warrant, San Francisco Chronicle, 22. 1. 2002.
21 *W. Brugger*, Einschränkung des absoluten Folterverbots bei Rettungsfolter?, Aus Politik und Zeitgeschichte 2006, 9–15.

furter Landesgericht zu einer bedingten Haftstrafe und zur Zahlung von rund 15.000 Euro verurteilt; ein Urteil, das aufgrund der „massive[n] mildernde[n] Umstände, die der Anwendung des erhöhten Strafrahmens [...] entgegenstehen und ihn als unangemessen erscheinen lassen"[22] an der absolut untersten Grenze der möglichen strafrechtlichen Reaktion angesiedelt ist. Das Disziplinarverfahren gegen *Daschner* wurde ohne Ergebnis eingestellt.

III. Outsourcing

Das Outsourcing von sonst hoheitlichen Tätigkeiten ist ein weiteres Beispiel für Versuche, das Folterverbot zu unterwandern. Diese Auslagerung findet dabei in geographischer wie auch personeller Hinsicht statt. Gefangene werden außerhalb des US-Staatsgebietes festgehalten und/oder durch Angestellte privater Sicherheitsdienstleister verhört. In beiden Fällen wird versucht, die Anwendung von menschenrechtlichen Verpflichtungen auszuschließen. Dies war auch der Hintergrund, warum die *Bush*-Administration 2002 beschloss, ausländische Terrorverdächtige nicht in den USA, sondern in Guantánamo Bay auf Kuba festzuhalten. Dass dieser Zugang jedoch rechtlich nicht haltbar war, zeigte das Urteil des US Supreme Court in *Rasul vs. Bush*. Seitdem haben die in Guantánamo Internierten zumindest Zugang zu amerikanischen Rechtsvertretern und können sich auf die in der US-Verfassung garantierten Grund- und Menschenrechte berufen.

Mit Bezug auf die behauptete Nicht-Anwendbarkeit von menschenrechtlichen Verträgen argumentiert die US-Regierung, dass der „Krieg gegen den Terror" einen internationalen bewaffneten Konflikt darstelle und daher menschenrechtliche Instrumente wie der Internationale Pakt über bürgerliche und politische Rechte oder die VN-Konvention gegen die Folter nicht zur Anwendung kämen. Darüber hinaus sei auch das humanitäre Völkerrecht nur teilweise anwendbar, da die in Guantánamo festgehaltenen Personen als „illegale feindliche Kämpfer" („illegal enemy combatants") nicht den vollen Schutz der Genfer Konventionen genießen würden.[23] Folglich sei es auch möglich, diese ohne den in den internationalen Menschenrechtsinstrumenten verbürgten Rechten bis zum Ende des „Krieges gegen den Terror" festzuhalten.

Besonders überraschend ist bei diesem Zugang die juristische Kühnheit, mit der die Geltung von menschenrechtlichen Verträgen in Abrede gestellt wird. Es be-

---

22 Landesgericht Frankfurt, Schriftliche Urteilsgründe in der *Strafsache gegen Wolfgang Daschner*, 2005.
23 Vgl. dazu den Beitrag von *Trauttmansdorff* in diesem Band (3 ff).

darf keines menschenrechtlichen Spezialwissens um festzustellen, dass Menschenrechtsverträge auch in Kriegszeiten anwendbar sind, sofern sie nicht auf Basis von in den jeweiligen Verträgen vorgesehenen Derogationsmöglichkeiten für eine bestimmte Zeit außer Kraft gesetzt wurden. Statt die Geltung des Internationalen Paktes über bürgerliche und politische Rechte nach dem 11. 9. 2001 in Abrede zustellen, hat die britische Regierung entsprechende Derogationserklärungen hinsichtlich des Rechts auf persönliche Freiheit gemäß den Art. 4 und Art. 9 abgegeben.[24] Diese Möglichkeit haben die USA nicht in Anspruch genommen. Die Behauptung, Menschenrechte wären im „Krieg gegen den Terror" ohnehin nicht anwendbar, wird durch die bloße Existenz von Derogationsklauseln, die genau für diesen Zweck vorgesehen sind, *ad absurdum* geführt.

Im Bericht der fünf unabhängigen ExpertInnen der VN-Menschenrechtskommission wurde klar aufgezeigt, dass die Argumentationskette der US-Regierung in dieser Angelegenheit verfehlt ist und im Widerspruch zu den internationalen Menschenrechtsinstrumenten steht. Dies wurde auch wiederholt von verschiedenen anderen VN-Gremien wie dem VN-Ausschuss gegen die Folter[25] oder dem VN-Menschenrechtsausschuss[26] festgehalten und betont.

Eine weitere Erscheinungsform des Outsourcings ist die stark zunehmende Einbeziehung von privaten Sicherheitsfirmen. Diese übernehmen nicht nur die Bewachung von Gebäuden oder den Begleitschutz, wie spätestens seit der Affäre Blackwater allgemein bekannt ist, sondern sind auch in die Verhöre von Inhaftierten involviert. Die als Reaktion auf die skandalösen Vorfälle in Abu Ghraib initiierten Untersuchungen brachten zu Tage, dass die unter der Verwendung von Folter durchgeführten Verhöre nicht nur unter der Beteiligung von Angehörigen des Pentagons oder der CIA, sondern auch von Mitarbeitern privater Sicherheitsfirmen stattfanden. Diese „Privatisierung der Folter" ist ein weiteres Element des Versuches, die strafrechtliche Verantwortung von Mitgliedern der US-Streitkräfte und -Geheimdienste zu vermeiden.

---

24 Derogationserklärungen wurden auch bezüglich der Art. 5 und Art. 15 EMRK abgegeben.
25 S. VN-Komitee gegen die Folter, Consideration of Reports submitted by States Parties under Article 19 of the Convention, Conclusions and Recommendations, United States of America, vom 25. 7. 2006, VN Dok. CAT/C/USA/CO/2.
26 S. VN-Menschenrechtsausschuss, Consideration of Reports submitted by States Parties under Article 40 of the Covenant, Concluding Observations, United States of America, vom 18. 12. 2006, VN Dok. CCPR/C/USA/CO/3/Rev.1.

IV. „Extra-ordinary Renditions" und „Secret Places of Detention"

Ein zusätzliches Element in der Umgehung des Folterverbotes ist die Verwendung von sogenannten „extra-ordinary renditions". Dabei werden Terrorverdächtige meist von der CIA entführt und mit gecharterten Privatflugzeugen in verbündete Staaten überstellt, wo sie dann von den jeweiligen lokalen Geheimdiensten – mit aktiver oder passiver Teilnahme der CIA – gefoltert werden. Die dabei gewonnene Information fließt an die CIA zurück. Im Gegensatz zu Auslieferungen oder „ordinary renditions" – den Entführungen von Kriegsverbrechern oder Terroristen, um diese vor ein ordentliches Gericht zu stellen – gibt es im Rahmen von „extra-ordinary renditions" kein unmittelbares Interesse an der Strafrechtspflege, sondern sie werden unter Nichtbeachtung von menschenrechtlichen Mindeststandards wie dem Refoulement-Verbot, dem Schutz des Familienlebens, dem Recht auf ein faires Verfahren, anwaltliche Vertretung und Berufung durchgeführt und dienen ausschließlich der geheimdienstlichen Informationsgewinnung.[27] Traurige Berühmtheit erlangten in den vergangenen Jahren dabei vor allem jene Fälle, in denen ganz offensichtlich die betroffenen Personen Opfer einer Verwechslung wurden bzw. auf der Basis von falschen Informationen entführt, gefangen gehalten und schwer gefoltert wurden.

Khaled El Masri, ein deutscher Staatsbürger mit libanesischem Familienhintergrund, wurde 2004 auf seiner Reise nach Mazedonien zuerst von lokalen Grenzpolizisten verhaftet, später von CIA-Agenten über Bagdad nach Afghanistan verschleppt, dort für drei Monate in einem Geheimgefängnis unter unmenschlichen Bedingungen festgehalten und regelmäßig gefoltert. Wie die Mitarbeiter des US-Geheimdienstes später jedoch feststellen mussten, handelte es sich bei dem Gefangenen nicht um *Kalid al-Masri*, den gesuchten Mentor der Hamburger Terrorzelle, sondern eben um den Ulmer *Khaled El Masri*. El Masri wurde schließlich nach Albanien geflogen und dort ohne jegliche Mittel nächtens auf einer Straße freigelassen.

Eine ähnlich leidvolle Erfahrung musste der Kanadier *Maher Arar* machen. Er wurde 2002 während eines Transitaufenthaltes am New Yorker Flughafen mit dem Vorwurf, er sei ein Al-Qaida-Mitglied, verhaftet und via Jordanien in seine ursprüngliche Heimat Syrien gebracht. Dort wurde er für fast ein Jahr lang festgehalten und regelmäßig gefoltert.[28]

---

27 *Nowak/McArthur* (FN 3); *M. Nowak*, Challenges to the Absolute Nature of the Prohibition of Torture and Ill-Treatment, Netherlands Quarterly of Human Rights 2005, 674–688.
28 Commission of Inquiry into the Actions of Canadian Officials in Relation to Maher Arar, Bericht vom 18. 9. 2006, s. http://www.ararcommission.ca/eng/index.htm.

Arar wie auch *El Masri* reichten nach ihrer Freilassung Schadenersatzklagen vor amerikanischen Gerichten ein. In beiden Fällen wurde die Klage mit der Begründung abgelehnt, dass die Durchführung eines Zivilprozesses zur Veröffentlichung von Informationen führen würde, die im Interesse der nationalen Sicherheit geheim bleiben sollten.[29] *Maher Arar* wurde in Folge einer eigens eingerichteten Untersuchungskommission in Kanada eine Entschädigungszahlung von 10,5 Millionen kanadischen Dollar zugesprochen, die im Wesentlichen die Mitverantwortung der kanadischen Behörden durch die Weitergabe von Informationen an die CIA abgelten soll.

Dass es sich bei den „extra-ordinary renditions" um keine vereinzelten, spontanen Flüge, sondern um ein systematisch verwendetes Instrument handelte und zu deren Zweck ein weltweites Netzwerk von verschiedenen Stützpunkten und Geheimgefängnissen betrieben wurde, konnte durch die mühsame Recherchearbeit von Journalisten[30] sowie die Untersuchungen des Europarates und der Europäischen Union[31] in wesentlichen Punkten nachgewiesen werden. Brisant in diesem Zusammenhang wiederum ist auch der Umstand, dass diese Flüge auch im Luftraum der EU stattfanden und Geheimgefängnisse in zumindest zwei Mitgliedstaaten (Polen und Rumänien) betrieben wurden. Angesichts der immer besser dokumentierten Vorwürfe sowie auch unter dem steigenden Druck des US-Kongresses bestätigte Präsident *Bush* 2006 offiziell deren Existenz und kündigte zugleich die Verlegung von 14 so genannten „high value detainees", Gefangenen mit vermeintlich besonders bedeutsamen Informationen, von deren geheimen Aufenthaltsorten nach Guantánamo an.[32] Unter diesen befand sich auch *Khalid Sheikh Mohammed*, der in seinem im März 2007 veröffentlichten Geständnis unter anderem die Planung und Durchführung der Anschläge vom

---

29 Am 9. 10. 2007 bestätigte der Oberste Gerichtshof die Ablehnung von *El Masris* Schadensersatzklage gegen die CIA. Eine Begründung dafür wurde nicht gegeben. Zuvor hatte ein Berufungsgericht in Richmond die erstinstanzliche Entscheidung mit Verweis auf den Schutz von Staatsgeheimnissen bestätigt.

30 *S. Grey*, Ghost Plane. The Inside Story of the CIA's Secret Rendition Programme, London 2006; *T. Paglen/A. C. Thompson*, Torture Taxi: On the Trail of the CIA's Rendition Flights, London 2006.

31 *D. Marty*, Secret Detentions and Illegal Transfers of Detainees Involving Council of Europe Member States: Second Report, Dok. 11302 rev. vom 11. 6. 2007; *G. C. Fava*, EU Temporary Committee on the alleged use of European countries by the CIA for the transportation and illegal detention of prisoners, Report on the alleged use of European countries by the CIA for the transportation and illegal detention of prisoners, Doc. A6-9999/2007 vom 26. 1. 2007.

32 *M. Mazzeti*, CIA Secretly Held Qaeda Suspect, Officials Say, New York Times, 15. 3. 2008; *BBC*, Bush stands by secret CIA prisons, 7. 10. 2006.

11. 9. 2001 zugab und zu jenen drei Personen gehört, hinsichtlich derer CIA-Direktor *Michael Hayden* die Anwendung von „waterboarding" eingestand.[33]

Ein Ansuchen des vom Europarat mit der Untersuchung der „rendition flights" beauftragten Schweizers *Dick Marty*, die „high value detainees", gemeinsam mit dem VN-Sonderberichterstatter über Folter zu ihren Erfahrungen bzw. zur Involvierung europäischer Staaten in Guantánamo zu befragen, wurde von den USA abgelehnt. Ungeachtet der mangelnden Kooperation von amerikanischer Seite sowie auch von vielen europäischen Staaten gelang es *Dick Marty* dennoch, die Existenz eines von der CIA betriebenen „Spinnennetz"-ähnlichen Systems von Rendition-Flügen in Europa sowie die dazu in vielen Fällen notwendige Duldung durch europäische Staaten nachzuweisen.[34]

V. Diplomatic Assurances als Umgehung des Refoulement-Verbots

Es gibt eine ganze Reihe von Fällen, in denen des Terrorismus verdächtigte Personen in ihrem Aufenthaltsland zu *personae non gratae* erklärt und anschließend außer Landes gebracht wurden. Häufig ist das Zielland dieser Abschiebungen ein Land mit einer bedenklich schlechten Menschenrechtssituation. In vielen Fällen werden die Abgeschobenen dort festgenommen und gefoltert. Obwohl Art. 3 der VN-Konvention gegen die Folter ganz klar eine solche Praxis als Verstoß gegen das Folterverbot ausschließt, versuchen die USA und einige westeuropäische Staaten diese Praxis aufrechtzuerhalten und durch die Einholung sog. „diplomatic assurances" zu legitimieren. „Diplomatische Zusicherungen" sind im Wesentlichen nichts anderes als eine unverbindliche Zusicherung auf diplomatischer Ebene, gemäß derer sich der Empfängerstaat verpflichtet, die abzuschiebende Person nicht zu misshandeln. Dieses Vorgehen ist in vielerlei Hinsicht paradox und alarmierend. Der abschiebende Staat weiß ja, dass im Empfängerstaat regelmäßig gefoltert wird. Andernfalls wäre eine diplomatische Zusicherung ja gar nicht notwendig. Natürlich beeilt sich der Empfängerstaat zu versichern, dass er nicht foltert, denn sonst würde er ja zugeben, dass er eine Norm des *jus cogens* bricht. Warum soll eine rechtlich nicht verbindliche diplomatische Zusicherung einen größeren Schutz darstellen als eine völkerrechtlich bindende Verpflichtung? In der Regel hat das diplomatische Organ, das die „Zusicherung" abgibt, keinerlei faktische Macht über jene Geheimdienste, die foltern. Da die Folter im Geheimen stattfindet, kann die Einhaltung der Zusicherung durch die Diplomaten beider Staaten auch nicht effektiv überwacht werden.

---

33 *BBC*, CIA admits waterboarding inmates, 5. 2. 2008.
34 Ibid. S. auch *D. Marty*, Secret Detentions and Illegal Transfers of Detainees Involving Council of Europe Member States: Second Report, Council of Europe 2007, AS/Jur (2007) 36 vom 7. 6. 2007.

Ganz abgesehen davon, dass beide Staaten kein wirkliches Interesse daran haben, dass von einem unabhängigen Überwachungsorgan festgestellt wird, dass diplomatische Zusicherungen gebrochen werden. Aber selbst in diesem Fall gibt es keinerlei Sanktionen.

Besonders absurd wird die Sachlage in all jenen Fällen, in denen die Abschiebung in Länder stattfindet, die gleichzeitig in den jeweiligen nationalen Menschenrechtsberichten der Abschiebestaaten (z. B. des US State Department) als für ihre notorische Folteranwendung bekannt bezeichnet werden. Großbritannien ging sogar so weit, mit den Empfängerstaaten Jordanien, Libyen und dem Libanon eigene Memoranda of Understanding abzuschließen. Sowohl der VN-Sonderberichterstatter über Folter,[35] der Kommissar für Menschenrechte des Europarates[36] als auch das Ministerkomitee des Europarates[37] haben klar zum Ausdruck gebracht, dass „diplomatische Zusicherungen" und Memoranda of Understanding einem Versuch der Umgehung des Refoulement-Verbots gemäß Art. 3 der VN-Konvention gegen die Folter und Art. 3 der Europäischen Menschenrechtskonvention gleichkommen. Das jüngste Urteil des Europäischen Menschenrechtsgerichtshofs im Fall *Saadi vs. Italien* unterstreicht diese Position.[38]

Der wohl bekannteste Fall, an dem festgemacht werden kann, dass „diplomatische Zusicherungen" keine adäquaten Mittel zur Folterprävention darstellen, ist die Misshandlung der von Schweden nach Ägypten abgeschobenen *Ahmed Agiza* und *Mohammed Alzery*. Beide wurden nach Hinweisen der CIA in Schweden festgenommen und nach Einholung diplomatischer Zusicherungen mit Hilfe der CIA abgeschoben. Trotz der vorgesehenen regelmäßigen Besuche durch den schwedischen Botschafter in Ägypten wurden *Ahmed Agiza* und *Mohammed Al-*

---

35 S. z. B. Bericht des VN-Sonderberichterstatters über Folter an die VN-Generalversammlung, VN Dok. A/60/316, vom 30. 8. 2005, und Bericht an die VN-Menschenrechtskommission vom 23. 12. 2005, VN Dok. E/CN.4/2006/6.
36 S. *D. Marty*, Rapporteur, Council of Europe Committee on Legal Affairs and Human Rights, Alleged secret detentions and unlawful inter-state transfers of detainees involving Council of Europe member States, vom 12. 6. 2006, Doc. 10957.
37 Eine auf Betreiben der britischen, schwedischen und anderer Regierungen eingesetzte Arbeitsgruppe des Ministerkomitees des Europarates, deren Aufgabe darin bestand, eigene Richtlinien für die Zulässigkeit von Abschiebungen in Folterstaaten auf der Grundlage von „diplomatischen Zusicherungen" zu erarbeiten, hat ihre Arbeit letztlich eingestellt, weil die Mehrheit der Europaratsstaaten von der Unzulässigkeit dieser Praxis überzeugt werden konnte. S. *Group of Specialists on Human Rights and the Fight against Terrorism* (DH-S-TER), Meeting Report, Second Meeting, Straßburg, 29–31. 3. 2006, Doc. DH-S-TER (2006)005 vom 3. 4. 2006.
38 EGMR, Urteil der Großen Kammer vom 28. 2. 2008, *Saadi vs. Italien*, Nr. 37201/06.

zery schwer gefoltert. Schwedens Verletzung des Refoulement-Verbots wurde sowohl durch den UN-Ausschuss gegen die Folter als auch durch den UN-Menschenrechtsausschuss festgestellt.[39]

E. „The tainted fruit of the poisonous tree"

Das Beweisverwertungsverbot, die Norm, unter Folter erzwungene Informationen in keinem Verfahren außer gegen die Folter zu verwenden,[40] zielt darauf ab, der Versuchung, durch Folter schnell zu gerichtlich verwertbaren Informationen zu gelangen, einen Riegel vorzuschieben. Die Anwendung von Folter soll so für den Verhörenden irrelevant werden, da erzwungene Geständnisse, selbst wenn sie wahr sind, zur strafrechtlichen Beurteilung durch ein Gericht nicht zur Verfügung stehen. Auch sonstige durch Folter erpresste Informationen sind in keinem Gerichts- oder Verwaltungsverfahren verwertbar. Folter soll aus Sicht der Rechtspflege daher keine sich bietende Handlungsmöglichkeit sein. Überdies ist der Wahrheitsgehalt von unter Folter erzwungenen Informationen natürlich zweifelhaft.

Exemplarisch und alarmierend war in diesem Zusammenhang der Prozess gegen *Mounir El Motassadeq* vor dem hanseatischen Oberlandesgericht. Dieses verurteilte *El Motassadeq* im Februar 2003 wegen Beihilfe zum 3066-fachen Mord im Rahmen der Anschläge des 11. 9. 2001 und Mitgliedschaft in einer terroristischen Vereinigung zur Höchststrafe von 15 Jahren.[41] Von entscheidender Bedeutung für dieses Urteil waren dabei vom US-Justizministerium zur Verfügung gestellte Zusammenfassungen von Aussagen der sich zu dieser Zeit in geheimen CIA-Gefängnissen befindlichen Terrorverdächtigen *Binalshibh*, *Sheikh Mohammed* und *Ould Slahi*.[42] *El Motassadeq* berief beim Bundesgerichtshof und bekam

---

39 S. VN-Komitee gegen die Folter, Decisions of the Committee Against Torture under Article 22 of the Convention against Torture and Other Cruel, Inhuman or Degrading Treatment or Punishment, VN Dok. CAT/C/34/D/233/2003, Communication No. 233/2003, vom 24. 5. 2005, sowie VN-Menschenrechtsausschuss, Views of the Human Rights Committee under Article 5, Paragraph 4, of the Optional Protocol to the International Covenant on Civil and Political Rights, VN Dok. CCPR/C/88/D/1416/2005, Communication No. 1416/2005, vom 10. 11. 2006.
40 Vgl. *Nowak/McArthur* (FN 3), Art. 15.
41 Urteil des deutschen Bundesgerichtshofs vom 4. 3. 2004, No. 3 StR 218/2003; vgl. *C. Safferling*, Terror and Law – Is the German Legal System able to deal with Terrorism? The Bundesgerichtshof (Federal Court of Justice) decision in the case against El Motassadeq, German Law Journal, 2006, 515–524.
42 S. z. B. die Beweisaufnahme durch das hanseatische Oberlandesgericht Hamburg im Fall *El Motassadeq*, aus der klar hervorgeht, dass die USA den Aufenthaltsort der Al-Qaida-

Recht – das Urteil wurde aufgehoben. In weiterer Folge versuchte das Oberlandesgericht von deutschen sowie auch von amerikanischen Behörden und Geheimdiensten nähere Informationen zum Zustandekommen der Aussagen zu erhalten bzw. die angeführten Zeugen direkt zu befragen. Diese Bemühungen verliefen jedoch aufgrund mangelnder Kooperation der US-Behörden im Sand, womit nicht mit Sicherheit festgestellt werden konnte, ob die verwendeten Aussagen tatsächlich unter der Anwendung von Folter gewonnen wurden. Dieses Ergebnis wurde vom Oberlandesgericht als ausreichend erachtet, um eine Verwendung der Aussagen zuzulassen. Im Ergebnis wurde *El Motassadeq* schließlich erneut zu 15 Jahren Gefängnis verurteilt.[43]

In ähnlich bedenklicher Weise entwickelte sich die Rechtsprechung durch das britische House of Lords im Fall der auf unbegrenzte Zeit angesetzten Präventivhaft von vermeintlichen ausländischen Terroristen auf der Basis von geheimdienstlichen Informationen aus den USA. Wiederum bestand Anlass zur Vermutung, dass die weitergeleiteten Hinweise der CIA auf erzwungenen Aussagen von in den USA festgehaltenen Personen stammen würden. Bar jeden Bewusstseins für die völkerrechtlichen Verpflichtungen Großbritanniens als Vertragsstaat der VN-Konvention gegen die Folter wies ein Berufungsgericht diesbezügliche Beschwerden mit der Begründung ab, das Beweisverwertungsverbot gelte nur, wenn britische Behörden in die Folterung direkt involviert gewesen wären. Diese Rechtsansicht konnte das House of Lords zwar nicht teilen, kam jedoch letztlich zur Entscheidung, dass es selbst bei so deutlichen Hinweisen auf Folter zu keiner Beweislastumkehr komme und der entsprechende Nachweis nicht von den britischen Behörden, sondern von den bereits in Präventivhaft befindlichen Verdächtigen erbracht werden müsste. Die Problematik und Widersprüchlichkeit dieser Entscheidung wurde in der abweichenden Meinung von *Lord Bingham* äußerst treffend mit den folgenden Worten zusammengefasst: „It is inconsistent with the most rudimentary notions of fairness to blindfold a man and then impose a standard which only the sighted could hope to meet".[44]

Verdächtigen *Ramzi Binalshibh, Khalid Sheikh Mohammed* und *Mohamad Ould Slahi* nicht preisgeben wollten.
43 S. Hanseatisches Oberlandesgericht in Hamburg, Strafverfahren gegen *Mounir El Motassadeq*, Entscheidung vom 8. 1. 2007, Nr. 7-1/06.
44 S. House of Lords, Opinions of the Lords of Appeal for Judgement in the *Cause A and others vs. Secretary of State for the Home Department*, Dec. (2005) UKHL, 71, vom 8. 12. 2005, Abs. 59.

F. Schluss: Folter als kontra-produktives Mittel im Kampf gegen den Terrorismus

Wenngleich der Einblick in die tatsächlich durch die Anwendung von Folter verhinderten Anschläge fehlt, und die utilitaristische Aufwiegung von potentiellen Terrorschäden und der unantastbaren Menschwürde eines Verdächtigen *per se* nicht zulässig sein sollte, so ist es dennoch schwer, die präventive Wirkung einer mit Folter operierenden Antiterrorpolitik zu erkennen. Al-Qaida und andere terroristische Organisationen konnten sich keine bessere Rekrutierungsunterstützung erhoffen als die Photos von geschundenen und erniedrigten Häftlingen in Abu Ghraib. Der Umstand, dass Personen mitten im Europa des 21. Jahrhundert entführt und gefoltert werden und jahrelang verschwinden, fügt sich bei all jenen, die mit Terror den verhassten Westen zu Fall bringen wollen, nur allzu gut in ihr verschobenes Weltbild ein und die Existenz des Gefangenenlagers auf Guantánamo ist für sie nicht anderes als ein weiterer Beweis für „the might is right".

Der durch diese Politik erlittene Reputationsschaden der USA wird sich nicht kurzfristig beheben lassen und ihre einstige Rolle als Vorreiter in vielen Bereichen des internationalen Menschenrechtsschutz hat sich heute zum „most influential abuser" verkehrt.[45] Egal ob Ägypten die Anwendung von Folter mit Verweis auf die US-Politik abtut, Malaysia sich bei der Verhängung von Haft ohne richterliche Kontrolle auf Guantánamo beruft, Russland Übergriffe auf Gefangene in Tschetschenien als das Ergebnis einiger weniger „bad apples" in Anlehnung an die Vorfälle von Abu Ghraib reduziert – die Politik der USA seit dem 11. 9. 2001 hat die zuvor schon fragile moralische Autorität des Westens völlig untergraben und die Menschenrechtsarbeit massiv erschwert.[46] Menschenrechtsverletzungen werden schlichtweg mit der Politik der USA entschuldigt.

Dennoch, so scheint es, wurde die Talsohle dieser negativen Entwicklungen bereits überwunden und ein Wiedererstarken des absoluten Folterverbotes im Speziellen sowie der internationalen Menschenrechtsinstrumente im Allgemeinen scheint sich abzuzeichnen. Das nahende Ende der Amtszeit von Präsident *Bush*, die wieder funktionierenden „checks and balances" aufgrund neuer Mehrheitsverhältnisse im Kongress sowie grundrechtssensibler Gerichtsentscheidungen geben Anlass zu bescheidener Hoffnung. Und konfrontiert mit den fatalen Konsequenzen einer unilateralen Außenpolitik beginnt sich auch die Erkenntnis

---

45 *K. Roth*, Getting Away with Torture, Global Governance Nr. 11, 2005, 389–406, 393.
46 Ibid. 392.

durchzusetzen, dass der „globale Krieg gegen den Terror" auch nur global, also in Zusammenarbeit mit anderen Staaten, gelöst werden kann.

Die Lücke, die die USA als Menschenrechtspromotor hinterlässt, ist groß und benötigt Akteure, die bereit sind, diese zu schließen. Die Europäische Union könnte diese Aufgabe übernehmen.[47] Wer an einer tatsächlichen Verbesserung der Situation interessiert ist, wer ein genuines Interesse an der Schließung des Gefangenenlagers in Guantánamo hat, sollte sich angesichts des Debakels im Irak nicht in pietätloser Schadenfreude zurücklehnen, sondern der USA die selber oft propagierte transatlantische Kooperation im Sinne eines Mulitlateralismus auf gleicher Augenhöhe anbieten. Gegenwärtig gibt es Bestrebungen, eine nicht unbedeutende Anzahl von Guantánamo-Häftlingen, die seit Jahren ohne ausreichende Beweise für eine Anklage festgehalten wurden, von Guantánamo in ein für sie sicheres Drittland zu übersiedeln. Bis dato hat sich lediglich das ökonomisch schwache und mit vielen anderen Problemen geplagte Albanien dazu bereit erklärt. Die Europäische Union scheint diese Chance zu einer konstruktiven und menschenrechtskonformen Lösung leider noch nicht erkannt zu haben.

---

47 R. *Goldstone*, Combating Terrorism: Zero Tolerance for Torture, Case Western Reserve Journal of International Law 2006, 343–348.

Folter und Terrorismus: Herausforderung für das CPT

Renate Kicker[*]

A. Einleitung

Während sich Europa zu einer Region frei von Todesstrafe entwickelt hat, kann man Europa nicht als eine Region bezeichnen, die frei von Folter ist. Dies wird unter anderem durch die jüngste und fünfte „öffentliche Erklärung" (*public statement*) des Europäischen Komitees zur Verhütung von Folter und unmenschlicher oder erniedrigender Behandlung oder Strafe (CPT) gegenüber Russland mit Bezug auf die Situation in Tschetschenien deutlich. Nach mehreren Besuchen in Tschetschenien – innerhalb von wenigen Jahren – sah sich das CPT veranlasst, eine dritte öffentliche Erklärung über die prekäre Menschenrechtssituation in dieser Region abzugeben, in welcher Folgendes zusammenfassend festgehalten wird:

> „[...] the CPT remains deeply concerned by the situation in key areas covered by its mandate. Resort to torture and other forms of ill-treatment by members of law enforcement agencies and security forces continues, as does the related practice of unlawful detentions. Further, from the information gathered, it is clear that investigations into cases involving allegations of ill-treatment or unlawful detention are still rarely carried out in an effective manner; this can only contribute to a climate of impunity."[1]

Im Anhang an den Text der Erklärung, der nicht nur Details über die Ergebnisse der unmittelbar vorangegangenen Inspektion, sondern auch aus früheren nicht veröffentlichten Besuchsberichten enthält, werden auch Auszüge aus den Antworten der russischen Regierung veröffentlicht. Daraus geht hervor, dass auf die meisten Vorwürfe und auf diese bezogene Empfehlungen des Expertenorgans von Seiten der Regierung keine Antwort gegeben wird. Ein derart eklatanter Mangel an Kooperation ist auch der Auslöser für die einzige Sanktion, die dem CPT in Erfüllung seiner präventiven Besuchstätigkeit zur Verfügung steht, nämlich die Veröffentlichung an sich vertraulicher Inspektionsergebnisse. Die Veröffentlichung von Besuchsberichten des CPT bedarf gemäß dem zugrunde lie-

---

[*] Ass.-Prof. DDr. *Renate Kicker* lehrt Völkerrecht am Institut für Völkerrecht und Internationale Beziehungen der Karl-Franzens-Universität Graz und ist Vizepräsidentin des Europäischen Ausschusses zur Verhütung von Folter und unmenschlicher oder erniedrigender Behandlung oder Strafe.

[1] *CPT*, Public statement concerning the Chechen Republic of the Russian Federation vom 13. 3. 2007, CPT/Inf (2007) 17, s. http://www.cpt.coe.int.

genden völkerrechtlichen Vertrag[2] der Autorisierung durch den besuchten Staat. Während die überwiegende Mehrzahl der Besuchsberichte und jeweiligen Antworten durch die Staaten zur Veröffentlichung freigegeben wurden, war das nur bei einem von insgesamt zwölf Russland-Berichten der Fall. Damit zeigt sich auch schon, wie schwierig sich der Dialog mit einzelnen Mitgliedstaaten für das CPT gestaltet, insbesondere, wenn in diesen Staaten nachweislich Folter praktiziert wird bzw. Maßnahmen zur Bekämpfung des internationalen oder nationalen Terrorismus ergriffen werden, die zuvor bereits angewandte menschenrechtliche CPT-Standards außer Kraft setzen.

B. Stellungnahmen des CPT zum Terrorismus

In den Europaratsstaaten haben gewaltsame Akte, die von staatlicher Seite und der internationalen Gemeinschaft als Terrorismus qualifiziert, von Seiten der Gewalttäter aber als Durchsetzung des Rechtes auf Selbstbestimmung in einem nationalen Befreiungskampf gerechtfertigt werden, nicht erst seit dem 11. 9. 2001 die Gewährleistung menschenrechtlicher Standards gegenüber verdächtigten oder verurteilten Gewalttätern in Frage gestellt. Das CPT hat im Dialog mit Staaten wie der Türkei,[3] Russland,[4] dem Vereinigten Königreich und Spanien[5] Erklärungen abgegeben, in denen ausdrücklich betont wird, dass das CPT Terrorismus verabscheut und terroristische Handlungen mit einer starken Reaktion von Seiten der Staaten beantwortet werden müssen. Staaten, die mit derartigen destruktiven Erscheinungen konfrontiert sind, haben auch einen Anspruch auf Unterstützung durch andere Staaten. Gleichzeitig wird aber betont, dass die Reaktionen auf den Terrorismus niemals selbst in Akte der Folter oder unmenschlichen Behandlung ausarten dürfen. Das würde nämlich bedeuten, auf die Ebene der Terroristen herabzusteigen und dabei die Grundwerte demokratischer Gesellschaften, die auch deren Basis bilden, zu verraten.

---

2   Art. 11 Abs. 2 Europäische Konvention zur Verhütung von Folter und unmenschlicher oder erniedrigender Behandlung oder Strafe, ETS 126.

3   S. die veröffentlichten „Preliminary observations" der damaligen Präsidentin des CPT, *Silvia Casale*, nach einem regulären Besuch in der Türkei von 2. bis 14. 9. 2001, in dessen Zeitraum der Anschlag auf das World Trade Center in New York sowie ein Bombenanschlag in Istanbul stattfanden, s. http://www.cpt.coe.int.

4   In den ersten beiden öffentlichen Erklärungen (*public statements*) gegenüber der Russischen Föderation betreffend Tschetschenien (2001 und 2003) wurden entsprechende Statements von Seiten des CPT abgegeben, s. http://www.cpt.coe.int.

5   Mit Bezug auf die Terroranschläge vom 7. 7. 2005 in London sowie die Anschlagserie auf spanische Züge am 11. 3. 2004 sind vergleichbare Erklärungen im Dialog mit den Regierungsverantwortlichen in den nachfolgenden CPT-Besuchen abgegeben worden.

Im CPT hat sich nun intern eine Diskussion darüber entwickelt, ob derartige Erklärungen den Eindruck erwecken können, dass sich das CPT dafür rechtfertigen müsse, wenn es Empfehlungen zur uneingeschränkten Anwendung von verfahrensrechtlichen Sicherheiten, sowie zur Verbesserung der Haftbedingungen und der Behandlung von Terrorverdächtigen einfordert. Die Frage stellt sich, ob derartige Erklärungen zur Förderung eines konstruktiven Dialoges mit den von gewaltsamen Angriffen betroffenen Mitgliedstaaten notwendig, nur förderlich, oder insgesamt dem Ansehen des Komitees abträglich sind, da sie auch als Zeichen der Schwäche ausgelegt werden können. In diesem Zusammenhang sind auch die Richtlinien des Ministerkomitees des Europarates über Menschenrechte und den Kampf gegen den Terrorismus[6] wegweisend. Dort wird unter der Überschrift des Willkürverbotes klargestellt, dass alle staatlichen Maßnahmen im Kampf gegen den Terrorismus an die Prinzipien der Menschenrechte und der Rechtsstaatlichkeit gebunden sind und deren Einhaltung einer entsprechenden Überwachung unterliegt. Das CPT hat in der Folge dieser internen Diskussion zumindest das Werturteil, dass es terroristische Akte verabscheut, nicht mehr in Schriftform zum Ausdruck gebracht. Wohl geäußert hat sich das Komitee aber zu den verschiedenen gesetzlichen Maßnahmen und Vernehmungspraktiken, die Staaten ergriffen haben, um die eigenen Gesellschaften vor Terrorismus zu schützen.

C. Die Antwort des CPT auf Anti-Terror-Maßnahmen

Die Terroranschläge vom 11. 9. 2001 haben, wie *Wolfgang Benedek* konstatiert, zu einem „Sicherheitskult" mit einer flächendeckenden Einschränkung von Menschenrechten geführt[7] und, wie *Manfred Nowak* meint, einen „Paradigmenwechsel" im internationalen Menschenrechtsschutz eingeleitet.[8] Selbst demokratische Rechtsstaaten vermeinen plötzlich, absolute und notstandsfeste Rechte wie das Folterverbot relativieren zu dürfen und mühsam errungene Menschenrechtsstandards dem globalen Kampf gegen den Terror opfern zu müssen. Auch das Europaratskomitee zur Verhütung von Folter sah und sieht sich mit neuen gesetzlichen Einschränkungen der Rechte von festgenommenen Terrorverdäch-

---

6 Guidelines of the Committee of Ministers of the Council of Europe on Human Rights and the Fight Against Terrorism, Straßburg, Juli 2002, s. http://www.coe.int/T/F/Droits_de_ l'Homme/Guidelines.asp.

7 *W. Benedek*, Die freien Länder werden zu „Sicherheitsgesellschaften", Terrorismus und Menschenrechte – wo stehen wir heute? in: Neue Zürcher Zeitung, Internationale Ausgabe Nr. 48 vom 27. 2. 2006, 3.

8 *M. Nowak* in einem Statement vor dem Unterausschuss für Menschenrechte des Europäischen Parlaments, s. Note: The Fight against Torture, Summary of the Public Hearing, DROI vom 4. 5. 2006, 12.

tigen konfrontiert, die lange Anhaltungen durch die Exekutive ohne Zugang zu einem Anwalt oder richterliche Anhörung ermöglichen. Im Rahmen des intensiven Dialoges mit der Türkei konnte das CPT die Verkürzung der gesetzlich vorgesehenen maximalen Anhaltedauer durch die Polizei von Personen, die unter der Anti-Terror-Gesetzgebung festgenommen wurden, bevor sie einem Richter vorgeführt werden mussten, von bis zu 10 Tagen auf 48 Stunden bewirken.[9] Zur gleichen Zeit wurde im Vereinigten Königreich Großbritannien in verschiedenen Anti-Terror-Gesetzen[10] sowohl die Dauer der polizeilichen Anhaltung von Terrorverdächtigen beträchtlich verlängert, als auch sonstige Sicherheiten, wie sofortiger Zugang zu einem Anwalt, beschränkt. Auch präventive Maßnahmen wie „control orders",[11] die von der Regierung Großbritanniens nicht als Maßnahmen des Freiheitsentzuges qualifiziert wurden, erregten die Besorgnis des CPT und waren Anlass für einen *ad hoc*-Kontrollbesuch.[12]

Es stellt sich die Frage, ob das CPT auf diese Herausforderungen entsprechend reagiert hat. Zum einen wird im 15. Jahresbericht vom September 2005[13] an die Staatengemeinschaft appelliert, den Werten, die demokratische Gesellschaften von anderen unterscheiden, treu zu bleiben. Es wird weiter betont, dass das Verbot der Folter genauso wie das Sklavereiverbot ein absolutes Verbot ist, das keine Ausnahmen oder Abweichungen erlaubt. Auch wenn ein entschlossenes Handeln gegen terroristische Akte gefordert ist, darf dieses Handeln Menschen nicht der Gefahr von Folter oder unmenschlicher oder erniedrigender Behandlung oder Strafe aussetzen.

Darüber hinaus hat das CPT bereits ein Jahr zuvor im 14. Jahresbericht[14] ein neues Kapitel seiner Standards unter dem Titel „Straflosigkeit bekämpfen" vorgestellt, das die strafrechtliche und disziplinäre Verfolgung von Folterungen und Misshandlungen auch von Terrorverdächtigen gewährleisten soll. Hier ist von einer Kultur der Professionalität bei Exekutivorganen die Rede, die entwickelt werden muss. Weiters wird die Bedeutung funktionierender Beschwerde- und Aufsichtsverfahren hervorgehoben. Ausdrücklich werden auch Staatsanwälte und Richter in die Pflicht genommen und aufgefordert, gerichtsmedizinische Untersuchungen anzuordnen, auch wenn keine Misshandlungsvorwürfe von Verdächtigen vorgebracht werden. Insgesamt werden die in Berichten über Be-

---

9 S. den Bericht an die Türkei nach dem Besuch vom 7. bis 15. 9. 2003, CPT/Inf (2004) 16.
10 S. den Terrorism Act 2000 (TACT), den Anti-Terrorism, Crime and Security Act 2001 (ATCSA) und den Prevention of Terrorism Act 2005 (PTA).
11 Eingeführt durch den Prevention of Terrorism Act 2005, angenommen am 11. 3. 2005.
12 S. den Bericht über den Besuch vom 20. bis 25. 11. 2005, CPT/Inf (2006) 28.
13 CPT/Inf (2005) 1.
14 CPT/Inf (2004) 28.

suche in der Türkei und Tschetschenien entwickelten Empfehlungen zur Einrichtung unabhängiger gerichtsmedizinischer Dienste und deren Rolle in der Beweiserhebung im Falle von Folter- und Misshandlungsvorwürfen in diesem neuen Kapitel zusammenfassend dargestellt. Was die Haftsituation von Personen, die für terroristische Akte verurteilt wurden, betrifft, so haben vor allem die Einrichtung von Hochsicherheitsabteilungen und ständiger Isolationshaft darauf bezogene Standards notwendig gemacht. Die Umsetzung dieser Standards trifft in der Praxis jedoch auf beträchtlichen Widerstand von Seiten derjenigen Staaten, die vermehrt von Gewaltakten organisierter Gruppen bedroht sind. So ist es z. B. dem CPT nicht gelungen, die Haftsituation von *Abdullah Öcalan*, dem einzigen Gefangenen auf der Insel Imrali, zu verändern, trotz mehrfacher Besuche und eines intensiven Dialoges mit der türkischen Regierung.

Vorwürfe, dass außereuropäische Staaten Terrorverdächtige in Geheimgefängnissen unter anderen auch in Europa anhalten, in denen mit Wissen und Billigung der jeweiligen Staaten verschärfte Verhörmethoden und Folter praktiziert werden, sind neuerlich von *Dick Marty* in seinem jüngsten Bericht[15] veröffentlicht worden. Die Frage, ob dem CPT in den Mitgliedstaaten Zugang zu Geheimgefängnissen gewährt werden müsse, wird vom CPT grundsätzlich bejaht. Wie das allerdings in der Praxis durchgesetzt werden kann, vor allem wenn es sich dabei um ausländische Militärbasen oder sonstige extraterritoriale Einrichtungen handelt, ist noch offen. Jedenfalls hat das CPT noch keine Gelegenheit gehabt, sein diesbezügliches Mandat auch auf die Probe zu stellen.

D. Die Position des CPT im Hinblick auf diplomatische Zusicherungen („diplomatic assurances")

Als Maßnahme von Regierungen zum effektiven Schutz ihrer Bevölkerung gegen terroristische Angriffe hat sich im Falle von terrorverdächtigen Ausländern eine Praxis der Abschiebung in deren Heimatland entwickelt. Auf der Grundlage von „Memoranda of Understanding" hat z. B. Großbritannien mit Jordanien, Libyen und dem Libanon Vereinbarungen getroffen, dass Personen, die dorthin abgeschoben werden, in Übereinstimmung mit den internationalen menschenrechtlichen Verpflichtungen des Landes behandelt werden. Nicht nur *Manfred Nowak*, der VN-Spezialberichterstatter gegen Folter, und *Thomas Hammarberg*, der Europäische Menschenrechtskommissar, auch Amnesty International und andere NGOs lehnen das Instrument von diplomatischen Zusicherungen zur Gewährleistung aber auch Umgehung des *non-refoulement*-Prinzips im Grund-

---

15 *D. Marty*, Secret Detentions and Illegal Transfers of Detainees Involving Council of Europe Member States: Second Report, Dok. 11302 rev. vom 11. 6. 2007.

sätzlichen ab. Auch im Europarat hat die Group of Specialists on Human Rights and the Fight against Terrorism, der die Frage gestellt wurde, ob Minimumstandards zur Absicherung von diplomatischen Zusicherungen formuliert werden sollen, eine ablehnende Stellungnahme abgegeben.[16]

Im 15. Jahresbericht aus dem Jahre 2005 hat das CPT seine Position dazu veröffentlicht. Dort wird von einem „open mind" in Bezug auf diplomatische Zusicherungen gesprochen, und dass das CPT die diesbezügliche Praxis genau verfolgen wird. Im Rahmen eines Inspektionsbesuches in Großbritannien und einer daran anschließenden Korrespondenz des CPT mit der britischen Regierung sind verfahrensrechtliche Sicherheiten im Detail angesprochen worden, die zur Präzisierung der vorliegenden „Memoranda of Understanding" vom CPT eingefordert werden.[17] Ein Schwerpunkt dieser Sicherheiten liegt nach Ansicht des CPT im Kontrollmechanismus im Empfangsstaat, der eine für einen Zeitraum von drei Jahren andauernde, permanente Überwachung der abgeschobenen Person, wo immer sie sich auch in diesem Land aufhält, durch ein unabhängiges Expertenorgan garantieren soll. Die entsprechende Umsetzung einer solchen Garantie in den in Frage kommenden Staaten ist in der Praxis jedoch noch keineswegs gesichert. Unabhängig davon stellt sich aber für das CPT die Frage, ob die derzeitige Position, Sicherheiten zur Verminderung des Risikos von Folter und Misshandlung bei der Abschiebung in Staaten, die eine Reputation als sogenannte „Folterstaaten" haben, im Dialog mit den Mitgliedstaaten zu verhandeln, beibehalten werden soll. Oder sollte sich das CPT aufgrund der gegebenen Unsicherheiten nicht doch auch zu einer grundsätzlichen Ablehnung dieser Praxis bekennen?

Der Europäische Gerichtshof für Menschenrechte hat in seiner bisherigen Judikatur, ebenso wie das CPT, diplomatische Zusicherungen („diplomatic assurances") nicht grundsätzlich abgelehnt, aber in jedem Einzelfall geprüft, ob die Zusicherungen, die der Abschiebestaat vom Empfangsstaat erhält, sowie das angebotene Überwachungsverfahren zur Einhaltung dieser Zusicherungen das Risiko des Abgeschobenen, gefoltert oder misshandelt zu werden, wirksam ausschließen können. Im Fall *Chahal vs. Vereinigtes Königreich*[18] kam der Gerichtshof zu dem Ergebnis, dass die gegebenen diplomatischen Zusicherungen die Sicherheit des Abzuschiebenden in Punjab oder sonst wo in Indien nicht ausreichend

---

16 S. den Final Activity Report, DH-S-TER (2006) 005.
17 Ein Brief der Präsidentin des CPT mit Bezug auf das Memorandum of Understanding zwischen der Regierung des Vereinigten Königreiches von Großbritannien und Nordirland und der Regierung des Haschemitischen Königreiches von Jordanien vom 10. 8. 2005 ist als Anhang zum Besuchsbericht vom November 2005, CPT/Inf (2006) 28 veröffentlicht.
18 EGMR, Urteil vom 15. 11. 1996, *Chahal vs. Vereinigtes Königreich*, RJD 1996-V.

garantieren würden. Auch im jüngsten Fall *Saadi vs. Italien*[19] stellt der Gerichtshof fest, dass selbst eine diplomatische Zusicherung durch Tunesien, um die die italienische Regierung während der Anhängigkeit des Verfahrens ersucht hat – die aber nicht gegeben wurde –, den Gerichtshof nicht von seiner Verpflichtung befreit hätte zu prüfen, ob eine solche Zusicherung in ihrer praktischen Anwendung eine ausreichende Garantie gewährt hätte, dass der Beschwerdeführer vor einer konventionswidrigen Behandlung geschützt wird. Für das CPT stellt sich auch die Frage, ob im Falle der Abschiebung von Terrorverdächtigen durch Mitgliedstaaten des Europarates in ein außereuropäisches Land das Mandat zur Prävention von Folter nicht auch Inspektionsbesuche im Hinblick auf diese Personen dort, wo sie im Ausland angehalten werden, umfasst. Grundsätzlich wäre diese Frage zu bejahen, die praktische Durchführung könnte das Komitee jedoch möglicherweise vor unüberwindliche Herausforderungen stellen.

E. Zusammenfassung

Gesetzliche Maßnahmen und deren praktische Umsetzung im Kampf gegen den Terrorismus, die zu einem erhöhten Risiko von Folter und Misshandlungen von Terrorverdächtigen auch in Europa führen, haben das CPT vor neue Herausforderungen gestellt. Das Komitee begegnet diesen Herausforderungen mit einer erhöhten Besuchsfrequenz in den betreffenden Staaten, der Intensivierung des Dialoges in sog. „high level talks", sowie mit der Entwicklung neuer Standards. Das einzige Sanktionsmittel, die öffentliche Erklärung, wird noch sparsam eingesetzt, wenn auch die Liste der Staaten, die mit der Einleitung eines Verfahrens oder einem bereits schwebenden Verfahren einer öffentlichen Erklärung bedroht sind, stetig wächst. Öffentliche Erklärungen, dass in einem europäischen Staat Folter und Misshandlungen praktiziert werden, bzw. dass ein Staat in anderer Weise nicht bereit ist, die Empfehlungen des Europäischen Komitees zur Verhütung von Folter auf Dauer umzusetzen, führen nur dann zu einem Erfolg, wenn dieses öffentliche An-den-Pranger-Stellen auch politische Folgen für den Staat hat. Dafür müssten aber diejenigen europäischen Staaten, die Folter und schwere Menschenrechtsverletzungen grundsätzlich und auch als Mittel im Kampf gegen den Terrorismus ablehnen, zumindest im Rahmen der von ihnen gegründeten Organisationen, wie der Europäischen Union, dem Europarat und der Organisation für Sicherheit und Zusammenarbeit in Europa, nicht nur entsprechende Erklärungen abgeben, sondern auch Handlungen gegenüber den sogenannten „schwarzen Schafen" setzen. Die Erfahrungen mit dem Obristenregime in Griechenland, das von sich aus den Austritt aus dem Europarat erklärte, nachdem ihm aufgrund schwerer Menschenrechtsverletzungen der Ausschluss aus dem

---

19 EGMR, Urteil der Großen Kammer vom 28. 2. 2008, *Saadi vs. Italien*, Nr. 37201/06.

Europarat drohte, waren insofern negativ, als damit jeglicher Einfluss auf die menschenrechtliche Lage in diesem Staat verlorengegangen zu sein schien. In der Folge tolerierte man die Türkei als Mitglied des Europarates trotz zahlreicher Verurteilungen durch den Gerichtshof unter Art. 3 der Europäischen Menschenrechtskonvention, dem Folterverbot. Auch gegenüber Russland wird der Einsatz des einzigen rechtlichen Sanktionsmittels, des Ausschlusses aus dem Europarat, trotz drei aufeinanderfolgender öffentlicher Erklärungen des Anti-Folter-Komitees nicht einmal angedacht.

Die Hoffnung liegt nun bei der Europäischen Union, die diesbezüglich mehr Spielraum haben sollte, da Russland selbst kein Mitglied ist. Was *Manfred Nowak* gegen Ende seines Beitrages über die unerkannten und ungenutzten Chancen der Europäischen Union im Hinblick auf eine Lösung des augenscheinlichsten menschenrechtlichen Problems der USA, des Gefangenenlagers in Guantánamo konstatiert, kann ebenso für die Untätigkeit dieser Organisation bezüglich der eklatanten Menschenrechtsverletzungen in Tschetschenien unter der Verantwortung Russlands gesagt werden. Es besteht daher dringender Handlungsbedarf der europäischen Staaten. Große Hoffnung wird auch in die neu gegründete Grundrechteagentur in Wien gesetzt. Allerdings gilt auch für dieses neue Monitoring-Organ, dass sich ohne politischen Willen zur Durchsetzung von Menschenrechten und der Verurteilung von Menschenrechtsverletzern nicht viel ändern wird.

Teil II
Völkerrechtliche Praxis Österreichs

Die Rechtsstellung von VN-Missionen und ihres Personals – Die rechtlichen Beziehungen zwischen Entsendestaat und entsandtem Personal am Beispiel Österreichs

Philip Bittner[*]

Die in jüngerer Vergangenheit aufgedeckten sexuellen Übergriffe durch VN-Personal haben die komplexen rechtlichen Beziehungen zwischen Vereinten Nationen, Entsendestaat, entsandtem Personal und Gaststaat wieder ins Blickfeld gebracht. Insbesondere der unterschiedliche Rechtsstatus der an einer VN-Mission beteiligten Personen sowie deren straf- und disziplinarrechtliche Verantwortlichkeit werfen schwierige Rechtsfragen auf. Nicht umsonst hat der sog. Zeid-Bericht über die sexuellen Übergriffe durch VN-Personal die Einsetzung einer Rechtsexpertengruppe vorgeschlagen.[1]

Aufgrund der Vielfältigkeit der involvierten Rechtsfragen beschränkt sich dieser Beitrag auf die rechtlichen Beziehungen zwischen dem Entsendestaat und seinem entsandten Personal, wobei insbesondere auf den spezifischen Fall von Österreich eingegangen wird. Nach Behandlung der allgemeinen Frage der Anwendung des Rechts des Entsendestaats im Ausland werden im Besonderen die Weisungsbefugnis, das Straf- und Disziplinarrecht sowie die Grundrechtsbindung näher untersucht. Einleitend wird überblicksartig die Struktur von VN-Missionen dargestellt.

---

[*] Dr. *Philip Bittner* war zum Zeitpunkt des Entstehens des Beitrages im Völkerrechtsbüro des Bundesministeriums für europäische und internationale Angelegenheiten tätig.

[1] A comprehensive strategy to eliminate future sexual exploitation and abuse in United Nations peacekeeping operations („Zeid-Bericht"), VN Dok. A/59/710 vom 24. 3. 2005, Abs. 90. Die aufgrund dieses Berichts eingesetzte Rechtsexpertengruppe kam zum Ergebnis, dass der Strafgerichtsbarkeit des Gaststaates grundsätzlich der Vorrang eingeräumt werden sollte. Der vorgeschlagene Konventionsentwurf enthält den Vorrang des Gaststaats aber nur indirekt, da die Zuständigkeit des Gaststaats nur im Fall eines Immunitätsverzichts zum Tragen kommt. Allerdings verpflichtet sich der Entsendestaat u. a. zur Begründung der strafrechtlichen Zuständigkeit; diese wird dann relevant, wenn kein Immunitätsverzicht erfolgt. Die mangelnde strafrechtliche Zuständigkeit des Entsendestaats für sein entsandtes Personal wurde von der Rechtsexpertengruppe als ein wesentliches Defizit identifiziert (Ensuring the accountability of United Nations staff and experts on mission with respect to criminal acts committed in peacekeeping operations, VN Dok. A/60/980 vom 16. 8. 2006).

A. Struktur von VN-Missionen

Der Sicherheitsrat beschließt[2] den Einsatz einer VN-Mission, legt deren Mandat fest und beauftragt den Generalsekretär mit der Durchführung. Die politische Gesamtleitung liegt also beim Sicherheitsrat, während der Generalsekretär die Durchführung der Mission besorgt.

Der Generalsekretär setzt mit Zustimmung des Sicherheitsrats den Leiter der VN-Mission ein und ernennt den Leiter der militärischen Komponente („Force Commander"). Üblicherweise wird ein ziviler Vertreter des VN-Generalsekretärs (Special Representative of the Secretary-General, SRSG) als Leiter der VN-Mission eingesetzt. Bei ausschließlich militärischem Mandat der Mission ist der „Force Commander" zugleich Leiter der Mission.[3]

Da die Vereinten Nationen über keine eigenen Truppen bzw. über keine Hoheit zur Rekrutierung von Truppen verfügen, sind sie auf Beiträge ihrer Mitgliedstaaten angewiesen.[4] Die truppenbeistellenden Staaten entsenden ihr Personal entweder als nationales Kontingent unter Leitung eines Kontingentskommandanten oder als Einzelpersonen, wie z. B. als Militärbeobachter. Dieselbe Struktur besteht im zivilen Bereich; so werden auch Polizisten als Kontingent oder als Einzelpersonen entsandt.

In der Regel stellen die Mitgliedstaaten ihre Kontingente im Wege der Organleihe zur Verfügung, d. h. sie werden organisatorisch in die Vereinten Nationen eingegliedert, bleiben aber gleichzeitig Staatsorgan. Nationale Kontingente nehmen insofern eine „Doppelorganstellung"[5] ein. Dies ist sowohl für die Ausübung der Befehlsgewalt als auch für die Frage der Anwendung des Rechts des Entsendestaats auf sein entsandtes Personal von Bedeutung. Entsandte Einzelpersonen werden unter dem Status „expert on mission" tätig,[6] bleiben aber eben-

---

2   Die historischen Ausnahmen sind UNEF I und UNSF, die beide von der Generalversammlung beschlossen wurden.
3   United Nations, Handbook on United Nations Multidimensional Peacekeeping Operations, New York 2003, 67 f, s. http://pbpu.unlb.org/pbpu/handbook/Start-Handbook.html; ein SRSG wurde erstmals im ONUC-Einsatz bestellt (*K. Schmalenbach*, Die Haftung internationaler Organisationen, Frankfurt am Main 2004, 302).
4   Art. 43–45 der VN-Satzung regeln die Truppenbeistellung durch Mitgliedstaaten aufgrund von gesonderten Abkommen. Solche Abkommen wurden allerdings bislang nie geschlossen, weshalb die Truppenbeistellung jeweils freiwillig von Fall zu Fall erfolgt.
5   *Schmalenbach* (FN 3), 105 und hinsichtlich UNFICYP ibid., 408.
6   Dies ergibt sich üblicherweise aus dem SOFA, vgl. etwa Art. VI Abs. 26 des Model Status-of-Forces Agreement for Peacekeeping Operations, VN Dok. A/45/594 vom 2. 10. 1990.

falls weiterhin Bedienstete des Entsendestaates und somit in rechtlicher Beziehung zu diesem.

Daneben gibt es eine Reihe von weiteren Personenkategorien, wie etwa Bedienstete der Vereinten Nationen oder anderer internationaler Organisationen, Mitarbeiter von NGOs und lokal bedienstete Personen. Diese Personenkategorien können aber im Rahmen dieser Ausführungen nicht berücksichtigt werden.[7]

Dieser grundlegenden Struktur von VN-Missionen entspricht das österreichische Entsendegesetz, das Bundesverfassungsgesetz über Kooperation und Solidarität bei der Entsendung von Einheiten und Einzelpersonen in das Ausland (KSE-BVG),[8] das – wie schon aus dem Titel ersichtlich – die Entsendung von Einheiten oder von Einzelpersonen[9] erlaubt.

B. Anwendung des Rechts des Entsendestaats im Ausland

Nach diesen einleitenden Ausführungen zur Struktur einer VN-Mission soll nun der Frage nachgegangen werden, auf welcher Grundlage bei einem Auslandseinsatz das Recht des Entsendestaates im Gaststaat zur Anwendung kommen kann. Dabei ist zwischen der nationalen rechtlichen und der völkerrechtlichen Grundlage zu unterscheiden.

Inwieweit das nationale Recht im Ausland zur Anwendung gelangt, ergibt sich zunächst aus dem nationalen Recht selbst, indem es seinen Anwendungsbereich ausdrücklich oder implizit auf das Ausland bzw. den Gaststaat ausdehnt. Nach der österreichischen Rechtsordnung bleibt die entsandte Person selbst im Fall der Übertragung der Weisungsbefugnis an ein ausländisches oder internationales Organ ein Bediensteter des österreichischen Staates. Als solcher unterliegt er immer auch der österreichischen Rechtsordnung, es sei denn, in einschlägigen Staatsverträgen oder Gesetzen wäre etwas anderes vorgesehen. So ist er etwa weiterhin den dienst- und besoldungsrechtlichen Normen unterworfen und hat

---

[7] Für eine Aufstellung der verschiedenen Personenkategorien, die im Zusammenhang mit VN-Missionen vor Ort tätig sind, s. *F. Hampson*, Working Paper on the Accountability of International Personnel Taking Part in Peace Support Operations, VN Dok. E/CN.4/Sub.2/2005/42 vom 7. 7. 2005, Abs. 15.
[8] BGBl. I 38/1997 idF BGBl. I 35/1998.
[9] Die Entsendung von Einzelpersonen war unter dem Vorgängergesetz, dem Auslandseinsatz-BVG (BGBl. 173/1965), noch nicht möglich.

hoheitliche Aufgaben nach österreichischem Recht wahrzunehmen.[10] Zudem wurden in Österreich mit dem Auslandseinsatzgesetz[11] und dem Auslandszulagen- und Hilfeleistungsgesetz[12] auch spezifische Gesetze für internationale Einsätze erlassen.

Hoheitliches Handeln aufgrund der eigenen Gesetze in einem anderen Staat bedarf aber jedenfalls auch einer völkerrechtlichen Grundlage, da es ansonsten zu einer Souveränitätsverletzung kommen würde. Die völkerrechtliche Grundlage ergibt sich im Fall von internationalen Einsätzen insbesondere aus dem Mandat, dem SOFA, dem Truppenbeistellungsabkommen und der internationalen Einsatzwiesung (OPLAN, SOP) bzw. den Rules of Engagement.

Der Umfang der anzuwendenden Rechtsvorschriften des Entsendestaates ist jeweils konkret zu bestimmen, was allerdings im Einzelfall oft schwierig sein kann. Zu Problemen kommt es insbesondere dann, wenn sich Rechtsvorschriften des Entsendestaates und der Vereinten Nationen widersprechen und beide von der Anwendung ihrer Rechtsvorschriften ausgehen.[13]

C. Weisungsbefugnis

Aus dem Souveränitätsprinzip ergibt sich, dass Staatsorgane grundsätzlich keine Weisungen von ausländischen oder internationalen Organen erhalten können. Eine Weisungsbefugnis ausländischer oder internationaler Organe ist nur dann möglich, wenn die entsprechenden Rechtsgrundlagen geschaffen werden. Für internationale Einsätze wird die völkerrechtliche Grundlage meist durch ein Truppenbeistellungsabkommen[14] geschaffen. In einem solchen Abkommen vereinbaren die Vereinten Nationen und der Entsendestaat, inwieweit der Kontingents-

---

10 *A. Hirschmugl*, Auslandseinsätze. Strafrechtliche Verantwortung der Kommandanten, Soldaten und Zivilpersonen im Auslandseinsatz unter besonderer Berücksichtigung des SOFA (Status of Forces Agreement), Diss. Graz 2003, 128–131.
11 BGBl. I 55/2001 idF BGBl. I 116/2006.
12 BGBl. I. 66/1999 idF BGBl. I 53/2007.
13 S. dazu die Ausführungen betreffend das österreichische UNMIK-Kontingent in Abschnitt C.
14 Vgl. Art. V des Model Agreement between the United Nations and Member States Contributing Personnel and Equipment to United Nations Peace-Keeping Operations, VN Dok. A/46/185. Als konkretes Beispiel für Österreich kann der Notenwechsel über den Abschluss eines Abkommens zwischen der Bundesregierung der Republik Österreich und den Vereinten Nationen über den Dienst österreichischer Kontingente im Rahmen der Streitkräfte der Vereinten Nationen zur Erhaltung des Friedens in Zypern, BGBl. 60/1966, genannt werden. Dieser Notenwechsel enthält bereits alle wichtigen Elemente, die später in das Model Agreement Aufnahme gefunden haben (*Hirschmugl* (FN 10), 170).

kommandant Befehle vom „Force Commander" empfangen kann. Es wird gelegentlich in Nebenabsprachen zum Abkommen auch geregelt, zu welchen Aufgaben und Einsätzen ein nationales Kontingent überhaupt herangezogen werden kann.

Das VN-Muster-Truppenbeistellungsabkommen sieht eine Übertragung des Kommandos („command") an die Vereinten Nationen, vertreten durch den Generalsekretär und unter der Leitung des Sicherheitsrats, vor. Vor Ort übt der Leiter der Mission das Kommando für den VN-Generalsekretär aus und legt die weitere Befehlskette fest, wobei es dem Entsendestaat ausdrücklich untersagt ist, direkt Befehle an sein Kontingent zu geben.[15] In der Regel wird der „Force Commander" vom Leiter der Mission mit der militärischen Durchführung beauftragt. Dieser gibt nach Rücksprache mit den Kontingentskommandanten einen konkreten Einsatzbefehl, den der Kontingentskommandant an sein jeweiliges Kontingent weitergibt.

Zwei Umstände verkomplizieren jedoch die Situation. Zum einen wollen die meisten Regierungen ihre Befehlsgewalt nicht zur Gänze aus der Hand geben, da sie letztlich vor der eigenen Öffentlichkeit für Verluste verantwortlich bleiben und deshalb Mitsprachemöglichkeiten über konkrete Einsätze ihres Kontingents behalten wollen.[16] Ungeachtet des VN-Muster-Truppenbeistellungsabkommens muss deshalb immer auf das konkrete Truppenbeistellungsabkommen abgestellt werden. Zum anderen ist der Begriff „Kommando" nicht so klar, wie er dies etwa im NATO-Kontext ist. Dementsprechend kann es zu Situationen kommen, in denen unklar ist, wem nun die Befehlsgewalt obliegt.[17] Es gehört aber zur Aufgabe des Leiters der Mission bzw. des „Force Commander", mit ebensolchen Situationen umzugehen. In der Praxis wird versucht, solche Situationen durch enge Zusammenarbeit mit den Kontingentskommandanten und durch eine klare Aufgabenverteilung im Vorfeld nicht entstehen zu lassen.

In Österreich ergibt sich die Unzulässigkeit von Weisungen ausländischer Organe verfassungsrechtlich aus Art. 20 Abs. 1 B-VG.[18] Eine Übertragung der Weisungsbefugnis an ausländische Organe bedarf einer spezifischen verfassungsrechtlichen Grundlage, welche mit dem KSE-BVG geschaffen wurde. Gemäß

---

15 Art. V Abs. 7 und Art. VI Abs. 9 des Model Agreement (FN 14).
16 *M. Bothe/T. Dörschel*, The UN Peacekeeping Experience, in: *D. Fleck* (Hrsg.), The Handbook of the Law of Visiting Forces, Oxford 2001, 487–506, 503 f.
17 *D. Fleck*, Multinational Units, in: *Fleck* (FN 16), 33–46, 43; *A. P. V. Rogers*, Visiting Forces in an Operational Context, in: ibid., 533–557, 545; *Schmalenbach* (FN 3), 107–111.
18 BGBl. I/1930 idF BGBl. I 27/2007.

§ 4 Abs. 3 Satz 2 KSE-BVG kann die Bundesregierung bestimmen, ob und inwieweit die entsandten Personen hinsichtlich ihrer Verwendung im Ausland die Weisungen der Organe einer internationalen Organisation oder ausländischer Organe zu befolgen haben. Gleichzeitig hält das KSE-BVG jedoch fest, dass entsandte Personen in einem Auslandseinsatz unter Leitung des zuständigen Bundesministers tätig werden (§ 4 Abs. 3 Satz 1 KSE-BVG). Bei widersprechenden Weisungen besteht eine Meldepflicht gegenüber dem zuständigen österreichischen Organ, welches an das die widersprechende Weisung erteilende ausländische Organ oder Organ einer internationalen Organisation zwecks Beseitigung des Widerspruchs heranzutreten hat. Bleibt der Widerspruch bestehen, sieht das KSE-BVG einen Vorrang des zuständigen österreichischen Organs vor (§ 4 Abs. 7 KSE-BVG). § 5 KSE-BVG ermächtigt die Bundesregierung zum Abschluss von völkerrechtlichen Verträgen über die Durchführungsmodalitäten von Auslandseinsätzen, d. h. u. a. zu Truppenbeistellungsabkommen. In diesen werden auch der konkrete Umfang der Weisungsbefugnis ausländischer Organe bzw. der Organe internationaler Organisationen festgelegt.

Als Beispiel dafür (obwohl keine VN-geführte Mission) kann das Abkommen zwischen der österreichischen Bundesregierung und der NATO über die Modalitäten der österreichischen Beteiligung am KFOR-Einsatz angeführt werden.[19] Darin wird festgelegt, dass das österreichische Kontingent die zugewiesenen KFOR-Aufträge erfüllen und mit dem zuständigen NATO-Kommandanten zusammenarbeiten wird; weiters unterliegt das österreichische Kontingent den NATO Rules of Engagement. Die NATO übernimmt die gesamte Verantwortung für das operative Kommando und die operative Kontrolle und setzt den KFOR-Kommandanten ein, der Befehle an die nationalen Kontingente erteilt. Gleichzeitig wird ausdrücklich festgehalten, dass Österreich als Nicht-NATO-Mitgliedstaat das Kommando über sein nationales Kontingent behält.

Ein anderes Beispiel – aus der Zeit vor dem KSE-BVG unter dem Auslandseinsatz-BVG 1965 – ist das Abkommen mit den Vereinten Nationen über den Dienst österreichischer Kontingente im Rahmen der Streitkräfte der Vereinten Nationen zur Erhaltung des Friedens in Zypern.[20] Darin wird festgelegt, dass der „Force Commander" die Befehlsgewalt über die Streitkräfte ausübt und den Befehlsweg zusammen mit dem Kontingentskommandanten festlegt.

---

19 Dieses Abkommen sowie das Abkommen über die finanziellen Aspekte der österreichischen Beteiligung wurden nicht im BGBl. kundgemacht, s. Vertragsübersicht auf der Homepage des Bundesministeriums für europäische und internationale Angelegenheiten, http://www.bmeia.gv.at/index.php?id=64704&L=0.
20 S. FN 14.

Die Ausübung der Befehlsgewalt ist nicht nur für die Durchführung des Einsatzes von Relevanz, sondern ist in weiterer Folge auch Anknüpfungspunkt für die Verantwortlichkeit und Haftung.[21]

Mitglieder ziviler Kontingente werden als „experts on mission" behandelt, bleiben jedoch auch weiterhin Personal des Entsendestaats.

D. Disziplinarrecht

Gewöhnlich sehen die Entsendestaaten die Ausübung ihrer Disziplinargewalt über die entsandten Personen vor, da diese ja weiterhin ihre Bediensteten bleiben. In Österreich ist dies im KSE-BVG geregelt, das dem Vorgesetzten einer entsandten Einheit die ausschließliche Befugnis zur Aufrechterhaltung der Ordnung und Disziplin innerhalb dieser Einheit zuspricht (vgl. § 4 Abs. 6 KSE-BVG). Eine Übertragung dieser Zuständigkeit ist aufgrund des KSE-BVG nicht möglich. Des Weiteren wurde im Auslandseinsatzgesetz vorgesehen, dass die relevanten Bestimmungen des Heeresdisziplinargesetzes in Auslandseinsätzen Anwendung finden (vgl. § 6 Auslandseinsatzgesetz).

Neben dem Disziplinarrecht des Entsendestaates kommen bei Einsätzen der Vereinten Nationen aber auch disziplinarrechtliche Bestimmungen der Vereinten Nationen zur Anwendung. Bei Militärpersonal nationaler Kontingente bleibt die Ahndung kleinerer Verfehlungen den Kontingentskommandanten überlassen, die Vereinten Nationen werden in diesem Fall nicht tätig.[22] Beim Verdacht auf größere Verfehlungen oder strafrechtlich relevante Handlungen wird der Sonderbeauftragte des Generalsekretärs verständigt, der Voruntersuchungen anordnen kann. Auf Grundlage der Ergebnisse der Voruntersuchungen kann ein sog. „Board of Inquiry" (BOI) eingesetzt werden, das nach Abschluss seiner Untersuchungen dem Sonderbeauftragten Empfehlungen vorlegt. Der Sonderbeauftragte kann seinerseits dem Entsendestaat Empfehlungen vorlegen, die konkreten Disziplinarmaßnahmen bleiben aber dem Entsendestaat vorbehalten. Die Vereinten Nationen können lediglich die Repatriierung verlangen.[23] Zusätzlich haben sie jedoch die Möglichkeit, ihr internes Untersuchungsbüro, das Office of Internal Oversight Services, einzuschalten, wie dies etwa im Zusammenhang mit den sexuellen Übergriffen durch VN-Personal im Kongo geschah. Wichtig sind

---

21 *Schmalenbach* (FN 3), 107.
22 *F. Hampson*, Working Paper on the Accountability of International Personnel Taking Part in Peace Support Operations, VN Dok. E/CN.4/Sub.2/2005/42 vom 7. 7. 2005, Abs. 69–78.
23 S. ibid. und Directives for Disciplinary Matters Involving Military Members of National Contingents, VN Dok. DPKO/MD/03/0093, Abs. 11–25.

aber die Untersuchungsergebnisse, denn diese können später für ein Verfahren im Entsendestaat von Bedeutung sein.

Insgesamt liegt also die Aufrechterhaltung der Ordnung und Disziplin innerhalb einer militärischen Einheit ausschließlich beim vorgesetzten Kontingentskommandanten, wobei nationales Disziplinarrecht zur Anwendung gelangt. Aber auch die Vereinten Nationen können entsprechend ihren internen Vorschriften Untersuchungen durchführen, hinsichtlich konkreter Maßnahmen können sie aber lediglich Empfehlungen abgeben. Die Vereinten Nationen haben deshalb ein großes Interesse, in Disziplinarangelegenheiten tätig zu werden, weil nationale Kontingente nach außen hin als Truppen der Vereinten Nationen in Erscheinung treten und auch als solche von der Bevölkerung des Gaststaats wahrgenommen werden. Fehlverhalten fällt demnach vor allem auf die Vereinten Nationen zurück und schadet ihrer Glaubwürdigkeit beträchtlich.

Der Vorrang der nationalen Disziplinargewalt ist bei zivilen Einheiten weit weniger klar als bei militärischen. Dies hat sich bei der Entsendung eines österreichischen Polizeikontingents zur UNMIK gezeigt. Nach Rechtsauffassung der Vereinten Nationen zählen Polizisten im Rahmen von VN-Einsätzen zur Kategorie „experts on mission", die als Organe der Vereinten Nationen tätig werden und als solche dienst- und disziplinarrechtlich direkt dem Generalsekretär der Vereinten Nationen unterstehen. Im Zusammenhang mit der Strategie zur Verhinderung künftiger sexueller Übergriffe durch VN-Personal[24] wurde den Polizisten eine Erklärung zur Unterzeichnung vorgelegt, mit der sie bestimmte Verhaltensregeln und disziplinarrechtliche Maßnahmen im Fall des Verstoßes gegen diese anerkennen sollten. Für Österreich war dies jedoch unannehmbar, da das KSE-BVG im Fall entsandter Einheiten eine Übertragung der Disziplinargewalt nicht zulässt – und zwar gleichgültig, ob es sich dabei um militärische oder zivile Einheiten handelt (vgl. § 4 Abs. 1 iVm § 4 Abs. 6 KSE-BVG). Die entsandten Polizisten wurden dementsprechend angewiesen, diese Erklärung nicht zu unterzeichnen.

E. Strafrecht

Gemäß § 64 Abs. 1 Z 2 StGB[25] gelten die österreichischen Strafgesetze unabhängig von den Strafgesetzen des Tatortes für strafbare Handlungen, die jemand als österreichischer Beamter[26] begeht. Da nach dem KSE-BVG entsandte Perso-

---

24 S. den „Zeid-Bericht" (FN 1).
25 BGBl. 60/1974 idF BGBl. I 56/2006.
26 Da das österreichische Strafrecht einem funktionellen Beamtenbegriff folgt, sind auch Vertragsbedienstete davon erfasst. Vgl. § 74 Z 4 StGB und *Jerabek*, § 74, Rz. 4, in: *For-*

nen ihren Status als österreichische Beamte bzw. Vertragsbedienstete nicht verlieren und sie aus innerstaatlicher Sicht Aufgaben wahrnehmen, die sich aus den relevanten innerstaatlichen Gesetzen, vor allem dem KSE-BVG, ergeben, unterliegen sie dem österreichischen Strafrecht.[27] Daran ändert auch die – im KSE-BVG selbst vorgesehene – Übertragung der Weisungsbefugnis nichts. Umgekehrt gilt gemäß § 64 StGB das österreichische Strafrecht auch für Ausländer, die im Ausland eine strafbare Handlung gegen einen österreichischen Beamten begehen.

Die Geltung der österreichischen Strafgesetze für österreichische Soldaten im Auslandseinsatz bringt nun aber das Problem mit sich, dass den Soldaten durch die Rules of Engagement unter Umständen ein Handeln aufgetragen wird bzw. sie zu einem Handeln ermächtigt werden, das nach österreichischen Rechtsvorschriften verboten ist, d. h. der österreichische Soldat würde sich in bestimmten Situationen durch ordnungsgemäße Erfüllung seiner internationalen Aufgaben nach österreichischem Recht strafbar machen. Als Beispiel für eine solche Situation kann der Schutz von Kulturgütern durch Waffeneinsatz genannt werden. Österreichische Soldaten können ihre Waffen im Auslandseinsatz nur zur Selbstverteidigung einsetzen, der Schutz einer Sache kann aber nicht mehr als Selbstverteidigung, d. h. strafrechtlich als Notwehr, qualifiziert werden. Eine mögliche, aber letztlich unbefriedigende Lösung besteht darin, hinsichtlich der Rules of Engagement den strafrechtlichen Rechtfertigungsgrund der Einhaltung der Amts- und Dienstpflichten heranzuziehen.[28] Dies ist allerdings wegen der erforderlichen Publizität der Amts- und Dienstpflichten nicht unproblematisch, da die Rules of Engagement üblicherweise klassifiziert sind und nicht ohne weiteres kundgemacht werden können.

Das grundsätzliche Problem liegt darin, dass es keine innerstaatlichen Normen gibt, die eine Ausübung von Befugnissen durch österreichische Soldaten im Auslandseinsatz gegenüber der dortigen Bevölkerung regeln. Das Militärbefugnisgesetz[29] ist im Ausland allenfalls im Verhältnis zwischen Österreichern, nicht

---

egger/Bachner-Foregger, Wiener Kommentar zum Strafgesetzbuch, 17. Auflage, Wien 2002.
27 Ohne weitere Begründung *Hirschmugl* (FN 10), 276.
28 *Hirschmugl* führt in diesem Zusammenhang auch die unzutreffende Rechtsansicht an, dass im Fall einer Gemeinsamen Aktion der EU aufgrund der Übertragung von Hoheitsrechten gem. Art. 9 Abs. 2 B-VG die Rules of Engagement als *lex specialis* das StGB verdrängen (*Hirschmugl* (FN 10), 143 f).
29 BGBl. I 86/2000 idF BGBl. I 115/2006; gem. § 1 Abs. 9 MBG iVm § 2 Abs. 1 lit. a Wehrgesetz, BGBl. I 146/2001 idF BGBl. I 116/2006 gelten nur Einsätze zur militärischen Landesverteidigung als Einsätze im Sinne des MBG, nicht aber Auslandseinsätze.

jedoch gegenüber Dritten anwendbar. Anders stellt sich die Situation für österreichische Polizeieinheiten im Auslandseinsatz dar. Das Polizeikooperationsgesetz[30] regelt u. a. das Einschreiten von Organen des öffentlichen Sicherheitsdienstes auf fremdem Hoheitsgebiet (vgl. § 15 Polizeikooperationsgesetz) und wird deshalb auch als Rechtsgrundlage für das Handeln österreichischer Polizisten in Auslandseinsätzen herangezogen. Hinsichtlich der Befugnisausübung österreichischer Soldaten wurde deshalb ein legistischer Handlungsbedarf identifiziert.

F. Grundrechtsbindung

Weiters stellt sich die Frage, ob entsandte Personen im Auslandseinsatz an die in Österreich verfassungsgesetzlich gewährleisteten Grundrechte gebunden sind.

Zunächst ist zwischen den „genuin österreichischen Grundrechten",[31] worunter im Wesentlichen das Staatsgrundgesetz über die allgemeinen Rechte der Staatsbürger,[32] Art. 7 B-VG, Art. 62 bis 69 Staatsvertrag von St. Germain,[33] Art. 7 und 8 Staatsvertrag von Wien[34] und das BVG über den Schutz der persönlichen Freiheit[35] verstanden werden, einerseits und der Europäischen Menschenrechtskonvention (EMRK)[36] samt Zusatzprotokollen andererseits zu unterscheiden. Die Bindung sämtlicher Hoheitsgewalt an die genuin österreichischen Grundrechte ist zwar nicht ausdrücklich festgelegt, ergibt sich aber immanent aus der Bundesverfassung. Mangels expliziter Einschränkung der Grundrechtsbindung gilt diese auch für die extraterritorial ausgeübte Hoheitsgewalt. Die Geltung der Konventionsrechte hingegen wird von Art. 1 EMRK bestimmt.[37]

Gemäß Art. 1 EMRK sichern die Vertragsparteien „allen ihrer Jurisdiktion unterstehenden Personen die in Abschnitt I dieser Konvention niedergelegten Rechte und Freiheiten zu". Der Europäische Gerichtshof für Menschenrechte versteht diese Bestimmung in seiner ständigen Rechtsprechung zwar primär ter-

---

30 BGBl. I 104/1997 idF BGBl. I 151/2004.
31 *G. Thallinger*, Grundrechte und extraterritoriale Hoheitsakte, Diss. Wien 2007, 55.
32 RGBl. 142/1867; rezipiert durch Art. 149 B-VG und zuletzt geändert durch BGBl. 684/1988.
33 StGBl. 303/1920; rezipiert durch Art. 149 B-VG.
34 BGBl. 152/1955.
35 BGBl. 684/1988.
36 Konvention zum Schutze der Menschenrechte und Grundfreiheiten vom 4. November 1950 idF des 11. Zusatzprotokolls, ETS 005 und ETS 155. In Österreich steht die EMRK, BGBl. 210/1958 idF BGBl. III 30/1998, seit der Bundes-Verfassungsgesetz-Novelle betreffend Staatsverträge, BGBl. 59/1964, zur Gänze im Verfassungsrang.
37 *Thallinger* (FN 31), 65 f, 73 und 79.

ritorial, da ein Staat üblicherweise auf seinem eigenen Staatsgebiet Hoheitsgewalt ausübt, die EMRK kann jedoch ausnahmsweise[38] auch außerhalb des Staatsgebiets einer Vertragspartei zur Anwendung gelangen, wenn diese dort Hoheitsgewalt ausübt.[39] Die Verpflichtung einer Vertragspartei zur Garantie der in der EMRK niedergelegten Rechte und Freiheiten bezieht sich einerseits auf Amtshandlungen ihrer Organe mit Wirkung gegenüber Personen oder Sachen außerhalb ihres Staatsgebiets[40] (personale Kontrolle), und andererseits auf Gebiete, die im Zuge militärischer Operationen unter der effektiven Kontrolle einer Vertragspartei stehen (territoriale Kontrolle). Im letzteren Fall ist die Vertragspartei verpflichtet, die Konventionsrechte auf dem Gebiet zu garantieren, das unter ihrer effektiven Kontrolle steht.[41]

Der Gerichtshof hat sich mehrfach mit der Frage beschäftigen müssen, wann ein Gebiet im Zuge militärischer Operationen unter der effektiven Kontrolle einer Vertragspartei steht. Die effektive Kontrolle ist nach Ansicht des Gerichtshofs grundsätzlich dann gegeben, wenn der Vertragsstaat die öffentliche Gewalt ausübt, die normalerweise von der dortigen Regierung ausgeübt wird.[42] Es ist dabei gleichgültig, ob die Kontrolle direkt durch die Organe der Vertragspartei oder indirekt durch eine lokale Verwaltung ausgeübt wird.[43] Die Stationierung einer großen Anzahl an Soldaten auf einem Gebiet in Verbindung mit der Wahrnehmung von öffentlichen Aufgaben, wie etwa im Fall der türkischen Präsenz in Nordzypern, hat der Gerichtshof als Zeichen für die effektive Kontrolle eines Gebiets gewertet.[44] Allerdings führt nicht jede militärische Präsenz zur effektiven Kontrolle. Im *Issa*-Fall entschied der Gerichtshof, dass die Türkei im Zuge

---

38 Der Gerichtshof hat die extraterritoriale Anwendung als Ausnahme bezeichnet, s. insbesondere EGMR, Urteil vom 12. 12. 2001, *Banković und andere vs. Belgien und andere*, Abs. 71.
39 Insbesondere zu erwähnen sind: EGMR, Urteil vom 26. 5. 1975, *Zypern vs. Türkei*; Urteil vom 26. 6. 1992, *Drozd und Janousek vs. Frankreich und Spanien;* Urteil vom 23. 3. 1999, *Loizidou vs. Türkei (preliminary objections)*; Urteil vom 18. 12. 1996, *Loizidou vs. Türkei (merits)*; Urteil vom 10. 5. 2001, *Zypern vs. Türkei*; Urteil vom 12. 12. 2001, *Banković und andere vs. Belgien und andere (admissibility)*; Urteil vom 8. 7. 2004, *Ilascu und andere vs. Moldawien und Russland*; Urteil vom 16. 11. 2004, *Issa und andere vs. Türkei*.
40 EGMR, Urteil vom 26. 5. 1975, *Zypern vs. Türkei (admissibility)*, 136; Urteil vom 16. 11. 2004, *Issa und andere vs. Türkei*, Abs. 71.
41 EGMR, Urteil vom 18. 12. 1996, *Loizidou vs. Türkei (merits)*, Abs. 52. Eine Vertragspartei kann folglich auch für das Billigen von konventionswidrigen Handlungen Privater oder für *ultra vires*-Handlungen seiner Organe verantwortlich gemacht werden, vgl. Urteil vom 8. 7. 2004, *Ilascu und andere vs. Moldawien und Russland*, Abs. 318 f.
42 EGMR, Urteil vom 12. 12. 2001, *Banković und andere vs. Belgien und andere*, Abs. 71.
43 EGMR, Urteil vom 10. 5. 2001, *Zypern vs. Türkei* , Abs. 77.
44 EGMR, Urteil vom 18. 12. 1996, *Loizidou vs. Türkei (merits)*, Abs. 56.

einer Militäroperation im Irak 1995 trotz der Präsenz einer hohen Anzahl an Truppen keine effektive Kontrolle über das betroffene Gebiet hatte.[45] Auch können Luftangriffe bzw. die militärische Kontrolle des Luftraums alleine nicht als effektive Kontrolle eines Gebiets gewertet werden.[46]

Sowohl die genuin österreichischen Grundrechte als auch die EMRK machen ihre extraterritoriale Anwendung von der Ausübung von Hoheitsgewalt abhängig. Insofern ergibt sich insgesamt eine gleichförmige extraterritoriale Anwendung beider Grundrechtskataloge. Der Unterschied besteht lediglich darin, dass es zu den genuin österreichischen Grundrechten keine präzisierende Judikatur gibt, sehr wohl aber zur EMRK. Die vom Gerichtshof entwickelten Kriterien sind deshalb auch für den genuin österreichischen Grundrechtskatalog relevant, wobei dies aber nicht als Einschränkung verstanden werden darf.[47]

Bis zur Entscheidung in den Fällen *Behrami vs. Frankreich* und *Saramati vs. Frankreich, Deutschland und Norwegen*[48] gab es keine Judikatur des Gerichtshofs zur Anwendbarkeit der EMRK bei internationalen Einsätzen. Im Fall *Behrami* ging es um den Vorwurf, französische KFOR-Truppen hätten die Markierung und Räumung von Cluster-Bomben unterlassen, wodurch es zu einem Unfall kam, bei dem ein Kind getötet und eines schwer verletzt wurde; Frankreich sei deshalb eine Verletzung von Art. 2 (Recht auf Leben) vorzuwerfen. Im Fall *Saramati* ging es um eine Festnahme durch UNMIK- und durch KFOR-Personal. Der Gerichtshof kam nach einer Untersuchung der Kommandostrukturen zum Ergebnis, dass die fraglichen Handlungen bzw. Unterlassungen UNMIK bzw. KFOR und damit den Vereinten Nationen, nicht aber den truppenstellenden EMRK-Vertragsstaaten zuzurechnen seien.[49] Er sei deshalb *ratione personae* nicht zuständig und auch nicht zur Prüfung von Handlungen der EMRK-Vertragsstaaten berufen, die von einem Sicherheitsratsmandat gedeckt sind. Andernfalls würde er sich in die Erfüllung der VN-Mission einschließlich der effektiven operativen Umsetzung einmischen. Es würde bedeuten, der Umsetzung

---

45 EGMR, Urteil vom 16. 11. 2004, *Issa und andere vs. Türkei*, Abs. 75; der Gerichtshof hob insbesondere den Unterschied zur Situation in Nordzypern hervor.
46 EGMR, Urteil vom 12. 12. 2001, *Banković und andere vs. Belgien und andere*, Abs. 74–82.
47 *Thallinger* (FN 31), 176 f.
48 EGMR, Urteil vom 2. 5. 2007, *Behrami vs. Frankreich* und *Saramati vs. Frankreich, Deutschland und Norwegen (admissibility)*.
49 Ibid. Abs. 140–143; der Gerichtshof hielt fest, dass der KFOR-Einsatz letztlich unter Leitung des VN-Sicherheitsrats stattfand, auch wenn das operative Kommando bei der NATO lag, und insofern seien den Vereinten Nationen die Handlungen von KFOR „im Prinzip" zuzurechnen.

der VN-Mission Bedingungen aufzuerlegen, die in der SR-Resolution selbst nicht vorgesehen sind. Mangels Zuständigkeit *ratione personae* erübrige sich auch eine Untersuchung über die extraterritoriale Anwendung der Konvention.[50]

Die Argumentation des Gerichtshofs beruht im Wesentlichen darauf, dass die fraglichen Handlungen und Unterlassungen der entsandten Truppen nicht dem Entsendestaat zugerechnet werden können. Die Zurechenbarkeit ist aber die notwendige Voraussetzung für jede weitere Prüfung der extraterritorialen Grundrechtsbindung. Ist eine Handlung oder Unterlassung dem Vertragsstaat nicht zuzurechnen, übt er auch keine Hoheitsgewalt aus und kann folglich nicht an die EMRK gebunden sein.[51] Der Gerichtshof kam unter Anwendung des Effektivitätskriteriums zum Ergebnis, dass die betroffenen EMRK-Vertragsstaaten weder tatsächlich noch strukturell das effektive operative Kommando der NATO beeinträchtigten. Für unbeachtlich hielt der Gerichtshof dabei die Zuständigkeit der Vertragsstaaten für die Aufrechterhaltung der Ordnung und Disziplin, für die strafrechtliche Verfolgung sowie für Material und Ausrüstung.[52] Er ging auch weder auf die Doppelorganstellung von entsandten Kontingenten noch auf die für die Zurechenbarkeit ebenfalls relevanten Rechtsvorschriften der Entsendestaaten ein.

Die Entscheidung des Gerichtshofs ist politisch durchaus verständlich und nachvollziehbar, da im Falle einer Bejahung der Anwendbarkeit der EMRK die Truppenbeistellung für viele Vertragsstaaten problematisch geworden wäre. Trotzdem muss dem Gerichtshof die Vernachlässigung der Doppelorganstellung entsandter Kontingente vorgeworfen werden. Diese ist bei der Entsendung von Truppen Realität und in Österreich sogar im KSE-BVG verfassungsgesetzlich verankert. Da die Entscheidung auf den konkreten Umständen des Falls beruht und eine Zurechnung von Handlungen auch zum Vertragsstaat im Sinne einer gemeinsamen Verantwortlichkeit nicht grundsätzlich in Abrede gestellt wurde, kann bei einer anderen Fallkonstellation die Zurechenbarkeit zu den truppenbeistellenden Staaten nicht ausgeschlossen werden. Im Fall von Österreich wären jedenfalls die spezifischen Regelungen des KSE-BVG (Leitung des zuständigen Bundesministers, Vorrang nationaler Weisungen, Disziplinargewalt) und des Truppenbeistellungsabkommens mit der NATO (Österreich behält Kommando; s. oben Abschnitt C) zu berücksichtigen.

---

50 Ibid., Abs. 144–153; zur Auseinandersetzung mit der Verpflichtung zur Sicherstellung der Konventionsrechte bzw. ähnlicher Standards bei der Übertragung von Hoheitsrechten im Sinne des *Bosphorus*-Urteils s. insbes. Abs. 145.
51 Zum Verhältnis zwischen Zurechenbarkeit und Jurisdiktion s. *Thallinger* (FN 31), 223 f.
52 EGMR, Urteil vom 2. 5. 2007, *Behrami vs. Frankreich* und *Saramati vs. Frankreich, Deutschland und Norwegen (admissibility)*, Abs. 138 f.

Die Entscheidung des Gerichtshofs bedeutet also nicht, dass für von Österreich entsandtes Personal keine Grundrechtsbindung besteht. Diese besteht immer dann, wenn Handlungen oder Unterlassungen der entsandten Personen auch Österreich zuzurechnen sind und die Kriterien für die extraterritoriale Anwendung erfüllt werden. Die Schwierigkeit, die Frage der Zurechenbarkeit in einer konkreten Situation kurzfristig zu beurteilen, sowie rechtspolitische Überlegungen zum Grundrechtsschutz gebieten jedenfalls eine prinzipielle Berücksichtigung von Grundrechten im Auslandseinsatz.

G. Abschließende Bemerkung

Insgesamt ist festzuhalten, dass entsandte Personen, trotz ihrer organisatorischen Eingliederung in die Vereinten Nationen, Bedienstete des Entsendestaats bleiben und deshalb auch dem Recht des Entsendestaats unterliegen. Vereinfacht gesagt nimmt die entsandte Person das Recht ihres Staats mit ins Ausland. Das bedeutet jedoch nicht, dass das gesamte innerstaatliche Recht ohne weiteres im Ausland Anwendung findet. Welche Rechtsvorschriften schlussendlich in einem konkreten Fall zur Anwendung kommen, hängt z. T. vom innerstaatlichen Recht selbst ab, aber vor allem von einschlägigen völkerrechtlichen Normen, wie z. B. dem Mandat, dem Truppenbeistellungsabkommen, dem SOFA oder allfälligen Nebenabsprachen. Es ist deshalb unerlässlich, jeden konkreten Fall vor dem Hintergrund der relevanten völkerrechtlichen und innerstaatlichen Normen zu beurteilen.

Frage der Registrierung der Interpol-Verfassung bei den Vereinten Nationen durch Österreich

*Helmut Tichy**

Ich möchte über eine Angelegenheit berichten, die über das normale Tagesgeschehen im Völkerrechtsbüro des österreichischen Außenministeriums etwas hinausgeht. Unsere Routinearbeit ist natürlich auch nie langweilig, wenn ich etwa an die spannenden Immunitäts- und Immunitätsbeendigungsfälle denke, die uns in letzter Zeit beschäftigt und auch in den Medien ihren Niederschlag gefunden haben. Jetzt soll es um eine etwas ungewöhnliche und juristisch sehr interessante, aktuelle Frage gehen, nämlich die Frage, ob und unter welchen Voraussetzungen Österreich eine Registrierung der Interpol-Verfassung bei den Vereinten Nationen vornehmen kann und soll.[1]

Die Internationale Kriminalpolizeiliche Organisation (ICPO-Interpol) mit ihrem nunmehrigen Sitz in Lyon hat sehr lange zurückreichende, gute Beziehungen zu Österreich. Auch das Völkerrechtsbüro hat immer wieder mit Interpol zu tun, und zwar im Zusammenhang mit dem Problem, dass Personen, die von Interpol bzw. im Wege über Interpol gesucht werden, von Österreich doch nicht an einen Drittstaat ausgeliefert werden sollen, weil sie völkerrechtliche Immunität genießen. Im Interesse der Sicherung des Amtssitz- und Konferenzstandortes Wien gibt es eingespielte Verfahren, die garantieren, dass ausnahmsweise auch Personen, die mit Interpol-„red notices" gesucht werden, nach Österreich kommen, sich in Österreich frei bewegen und Österreich auch wieder verlassen können, wenn dies z. B. für Verhandlungen im Rahmen einer in Wien ansässigen internationalen Organisationen notwendig ist. Dies gilt nicht nur für die internationalen Organisationen mit Völkerrechtssubjektivität und eigenen Amtssitzabkommen, sondern auch für die OSZE, die noch immer über keine anerkannte internationale Rechtspersönlichkeit verfügt. Österreich hat in diesem Zusammenhang und im Interesse der OSZE sogar die EU-Gesetzgebung nachhaltig beeinflusst, die nun – dem österreichischen Wunsch entsprechend – bei Sanktionen gegen bestimmte Personen immer auch die Wahrung der Immunität der OSZE aus-

---

* Botschafter Dr. *Helmut Tichy* ist Leiter der Völkerrechtsabteilung im Bundesministerium für europäische und internationale Angelegenheiten.
1 Bei der Bearbeitung dieses Dossiers wurde ich durch meinen Kollegen Dr. *Philip Bittner* sehr unterstützt, der leider im Juni 2007 das Völkerrechtsbüro verlassen hat – wie ich hoffe, nur vorübergehend.

drücklich berücksichtigt.[2] Nicht nur in Uganda zeigt sich, dass manchmal ein Spannungsverhältnis zwischen internationalen Haftbefehlen und der Teilnahme an Friedensverhandlungen besteht.

Österreich hat aber, dessen ungeachtet, eine sehr gute Zusammenarbeit mit Interpol, die auch durch das Angebot der früheren Innenministerin *Prokop* zum Ausdruck gekommen ist, in Laxenburg bei Wien eine Interpol-Antikorruptions-Akademie anzusiedeln. Da die Vorbereitungen für dieses Projekt gut vorangingen, kam bald die Phase, in der das Völkerrechtsbüro, wie bei der Ansiedlung internationaler Organisationen in Österreich üblich, das künftige Amtssitzabkommen vorbereiten sollte.

In diesem Zusammenhang stellte sich natürlich die Frage, ob Interpol eine internationale Organisation bzw., genauer gesagt, ein Völkerrechtssubjekt ist, mit dem ein völkerrechtlicher Vertrag, eben ein Amtssitzabkommen, geschlossen werden kann. Bei Interpol wurde dies nämlich wiederholt in Zweifel gezogen, weil Interpol auf einem Gründungsinstrument beruht, das in mancher Hinsicht von klassischen Gründungsverträgen internationaler Organisationen abweicht. Die Frage wurde im Einvernehmen mit dem Verfassungsdienst des Bundeskanzleramtes geprüft und schließlich bejaht, hauptsächlich deshalb, weil Interpol bereits mit einer Reihe von anderen Staaten als völkerrechtliche Verträge behandelte Amtssitzabkommen geschlossen hat. Solche gibt es insbesondere mit Frankreich, wo Interpol seinen Hauptsitz hat, früher in St. Cloud bei Paris und jetzt in Lyon, aber auch mit anderen Staaten, in denen es Regionalbüros von Interpol gibt: Solche bestehen in Bangkok, Harare, Nairobi, Buenos Aires und San Salvador. Es konnte daher davon ausgegangen werden, dass Interpol eine internationale Organisation mit Völkerrechtssubjektivität und insbesondere einer Ermächtigung zum Abschluss völkerrechtlicher Verträge ist, und dass daher auch Österreich ein völkerrechtliches Amtssitzabkommen mit Interpol schließen kann. Soweit war die Fragestellung noch nicht besonders schwierig zu lösen.

Der Vollständigkeit halber möchte ich erwähnen, dass der Rechtsberater von Interpol, Dr. *Martha*, und ich das Abkommen zwischen der Republik Österreich und der Internationalen Kriminalpolizeilichen Organisation (ICPO-Interpol)

---

2 Vgl. z. B. Art. 1 Abs. 4 des Gemeinsamen Standpunkts 2006/276/GASP des Rates vom 10. 4. 2006 über restriktive Maßnahmen gegen einzelne belarussische Amtsträger und zur Aufhebung des Gemeinsamen Standpunkts 2004/661/GASP, ABl. L 101 vom 11. 4. 2006. Danach gilt Abs. 3, der die Aufrechterhaltung der völkerrechtlichen Verpflichtungen von Gastländern internationaler zwischenstaatlicher Organisationen betrifft, „auch in den Fällen, in denen ein Mitgliedstaat Gastland der Organisation für Sicherheit und Zusammenarbeit in Europa (OSZE) ist."

über den Amtssitz der Interpol Anti-Korruptionsakademie in Österreich am 13. 6. 2007 paraphieren konnten und dass es am 17. 7. 2007 von Innenminister *Platter* und Interpol-Generalsekretär *Noble* unterzeichnet wurde.[3] Insgesamt haben wir im Völkerrechtsbüro derzeit ca. acht verschiedene Expertengespräche, Verhandlungen bzw. Verfahren zum Abschluss von neuen oder zur Änderung von bestehenden Amtssitzabkommen.

Im Zuge der Verhandlungen über das Amtssitzabkommen ist aber Interpol an Österreich mit dem doch ungewöhnlichen Anliegen herangetreten, die Interpol-Verfassung, einen Text aus dem Jahre 1956, nun, über fünfzig Jahre später, bei den Vereinten Nationen gemäß Art. 102 der Satzung der Vereinten Nationen als völkerrechtlichen Vertrag zu registrieren. Das Völkerrechtsbüro hat sich gegenüber diesem Vorschlag, der primär vom Wunsch motiviert ist, durch eine Registrierung die Stellung von Interpol als anerkanntes Völkerrechtssubjekt abzusichern, zunächst sehr zurückhaltend verhalten. Allerdings war Interpol bemüht, die österreichische Seite durch die Betonung des besonderen historischen Naheverhältnisses zwischen Österreich und Interpol umzustimmen. So wurde betont, dass die Vorläuferorganisation von Interpol, die International Police Commission, im Jahre 1923 in Wien gegründet worden sei und auch die Wiederbelebung von Interpol nach dem Zweiten Weltkrieg im Jahre 1956 bei einer Konferenz in Wien beschlossen worden sei. Tatsächlich ließ sich den Akten von Interpol entnehmen, dass Österreich in den 1920er-Jahren als eine Art Depositär des damaligen Interpol-Gründungsinstruments fungiert hat: Z. B. ist der Beitritt Norwegens zu Interpol nur durch eine Note der österreichischen Gesandtschaft in Stockholm aus dem Jahr 1926 dokumentiert, durch welche die Gesandtschaft gegenüber dem norwegischen Außenministerium bestätigt, dass der Polizeipräsident von Wien eine Mitteilung Norwegens erhalten habe, dass Norwegen an Interpol teilnehmen möchte.

Immer aufgeschlossen gegenüber guten historischen Argumenten, begann das Völkerrechtsbüro, der Frage einer Registrierung der Interpol-Verfassung bei den Vereinten Nationen näherzutreten. Selbstverständlich nehmen die Vereinten Nationen bzw. das VN-Rechtsbüro nicht jeden Text als völkerrechtlichen Vertrag

---

3 Vgl. 223 d. B. (XXIII. GP); die Regierungsvorlage stand auf der Tagesordnung des Ausschusses für innere Angelegenheiten des Nationalrats am 30. 1. 2008. Der Nationalrat hat am 30. 1. den Abschluss des Abkommens zwischen der Republik Österreich und der Internationalen Kriminalpolizeilichen Organisation (ICPO-Interpol) über den Amtssitz der Interpol Anti-Korruptionsakademie in Österreich samt Anhang genehmigt (191/BNR (XXIII. GP)). Am 14. 2. 2008 hat der Bundesrat erklärt, keinen Einspruch zu erheben und dem Beschluss des Nationalrates die Zustimmung zu erteilen. Das Abkommen wurde am 26. 5. 2008 in BGBl. III 65/2008 kundgemacht.

entgegen und registrieren ihn, sondern die übermittelten Texte werden genau oder jedenfalls so weit als möglich geprüft. Das Ergebnis einer solchen Prüfung bildet allerdings einen für das Anliegen der Registrierung der Interpol-Verfassung unglücklichen und nicht leicht zu umschiffenden Präzedenzfall. In den 1970er-Jahren wurde versucht, ein Kooperationsabkommen zwischen Interpol und den Vereinten Nationen (nicht die Verfassung) als völkerrechtlichen Vertrag bei den Vereinten Nationen zu registrieren. Das Rechtsbüro der Vereinten Nationen kam damals mit folgender Begründung zu einem abschlägigen Ergebnis: „The special arrangements for co-operation between the UN and the International Criminal Police Organization (INTERPOL) approved by Res. 1579 (L) of the ECOSOC were not subject to filing and recording. One of the reasons for this was that under the constitution of INTERPOL, the members of that organization, although designated by governments, are the police departments of the respective countries, which do not necessarily represent their governments as such. Another reason was that the constitution of INTERPOL did not appear to constitute a treaty. A further consideration was that the arrangements in question were not in the form of an agreement, consisting as they did of two juxtaposed resolutions, one adopted by the ECOSOC, the other by the General Assembly of INTERPOL."[4]

Diese Analyse lässt sich wie folgt zusammenfassen: Der Abschluss der Interpol-Verfassung erfolgt durch Polizeieinrichtungen, nicht durch die betroffenen Staaten selbst, daher sei Interpol kein Völkerrechtssubjekt. Außerdem „scheint die Interpol-Verfassung keinen völkerrechtlichen Vertrag darzustellen" (wofür allerdings keine Begründung gegeben wurde). Der letzte vom VN-Rechtsbüro angesprochene Punkt ist im nun vorliegenden Fall der Interpol-Verfassung nicht relevant; dennoch sei angemerkt, dass die Ansicht überrascht, es sei unmöglich, zwei einander ergänzende Resolutionen als völkerrechtlichen Vertrag zu verstehen.

Der Umstand, dass es ein VN-Dokument gibt, in dem als Aussage des VN-Rechtsbüros festgehalten wurde, dass die Interpol-Verfassung keinen völkerrechtlichen Vertrag darzustellen scheint, stellt für das Anliegen von Interpol, ihre Verfassung als Vertrag registrieren zu lassen, auch aus heutiger Sicht ein Problem dar. Um Problemen bei einer Registrierung entgegenzuwirken, schlug Interpol die Abhaltung einer Expertentagung im kleinen Kreis vor, die schließ-

---

4 Vgl. Supplement Nr. 5 zum Repertory of Practice des Generalsekretärs der VN (1970–1978) zu Art. 102 SVN, Pkt. 11.

lich am 3. und 4. 5. 2007 in Lyon stattfand.[5] An dieser Tagung nahmen Vertreter aus ca. 10 Staaten teil; unter der Leitung des ILC-Mitglieds *Maurice Kamto* aus Kamerun wurden verschiedene einschlägige Fragen geprüft. Ich legte insbesondere dar, dass Österreich bereit sei, eine Registrierung der Interpol-Verfassung in New York zu versuchen, wenn dies von den interessierten Kreisen für möglich und aussichtsreich gehalten würde.

Zunächst war bei der Expertentagung die Frage zu prüfen, warum nicht eine neue und den Merkmalen völkerrechtlicher Verträge eindeutig entsprechende Interpol-Verfassung ausgearbeitet werden kann, doch zeigte sich bald, dass dies jedenfalls von einigen wichtigen Interpol-Mitgliedstaaten nicht gewünscht und daher vom Interpol-Sekretariat als unmöglich erkannt wurde.

Kein Zweifel bestand bei der Tagung an der bestehenden Völkerrechtssubjektivität von Interpol; dafür gäbe es verschiedenste Hinweise: die bereits erwähnten Amtssitzabkommen, eine Entscheidung des ILO-Verwaltungsgerichts, die Erwähnung von Interpol in verschiedenen Übereinkommen und in EU-Rechtsakten (in letzteren als Partner der EU).

Interpol hat für die Expertentagung eine im Allgemeinen sehr gute Dokumentation vorbereitet, die sich auch auf Gutachten der Professoren *Reuter* und *Reinisch* stützte. Allerdings wurden – natürlich in bester advokatorischer Absicht – z. T. auch falsche Argumente verwendet, wie z. B. jenes, dass sich Interpol als bereits informell über Völkerrechtssubjektivität verfügende Organisation in derselben Lage wie die OSZE befände. Dem konnte ich als langjähriger Vorsitzender und Ko-Vorsitzender einer OSZE-Arbeitsgruppe, die sich – jedenfalls mehrheitlich – darum bemüht, dass die OSZE endlich Rechtspersönlichkeit erlangt, nicht zustimmen. Während es bei der OSZE „persistent objectors" gibt, die einem informellen Erwerb der Rechtspersönlichkeit durch die OSZE entgegentreten, ist dies bei Interpol, zu deren Vorteil, nicht so. Gegen die Völkerrechtssubjektivität von Interpol sind unter den Staaten keine „persistent objectors" aufgetreten. Es scheint weitgehende Bereitschaft zu bestehen, die Interpol-Verfassung von 1956 als Vertrag und Interpol als internationale Organisation mit Völkerrechtssubjektivität zu betrachten.

Die Experten hatten zunächst zu prüfen, ob die Interpol-Verfassung aus dem Jahre 1956 als rechtlich verbindlich betrachtet werden kann, und nach bewährter

---

5 Titel der Tagung: „The Registration of Interpol's Constitution under Art. 102 of the United Nations Charter – Meeting of selected Legal Advisers on the legal foundation of the International Criminal Police Organization – Interpol".

juristischer Methode wurde dabei das Wort „shall" im Text gesucht und zum Glück auch mehrfach gefunden. Dann war die Frage zu klären, ob es sich um einen völkerrechtlich verbindlichen Text oder um einen nach einzelstaatlichem Recht verbindlichen Text handelt; mangels eines eindeutig heranzuziehenden einzelstaatlichen Rechts wurde die Verfassung als völkerrechtlich verbindlich erkannt. Richtigerweise wurde auch von einer Verbindlichkeit für die betroffenen Staaten (und nicht nur der Polizeieinrichtungen) ausgegangen, wobei zu der diesbezüglich etwas unklaren Situation auch angemerkt werden muss, dass die Interpol-Verfassung von 1956 offenbar insbesondere von Strafrechtlern ausgearbeitet wurde.[6] In einem Interpol-Dokument fand sich dazu die Feststellung, dass die Strafrechtler „sensible surtout à la dimension téchnique et policiaire" gewesen seien; der völkerrechtliche Status von Interpol stand 1956 sicher nicht im Vordergrund.

Im Zusammenhang mit dem Einwand, dass Interpol nur ein Zusammenwirken von Polizeieinrichtungen und nicht von Staaten sei, wurde ein Wissenschaftler namens *Michael Fooner* mit dem Ausspruch zitiert, Interpol sei „founded upon a constitution that was written by a random group of police officers who did not submit the draft to their governments for approval or authorization".[7] Die Interpol-Verfassung selbst spricht zwar von „Mitgliedern", macht es aber nicht ganz klar, wer die Mitglieder von Interpol sind. Gemäß Art. 4 der Verfassung ist es so, dass „any country may delegate as a Member to the Organization any official police body whose functions come within the framework of activities of the Organization". Hier wird also verwirrenderweise zwischen den Staaten einerseits und den „Members of the Organization" andererseits unterschieden, die von den Staaten entsandt werden. Über die Entsendung durch Staaten lässt die Interpol-Verfassung aber keinen Zweifel.

Die Auffassung verblüfft, dass „official police bodies", als typische Vertreter der Staatsgewalt, mit ihren Staaten nichts zu tun hätten. Es kann weiters nicht angenommen werden, dass die Polizeizusammenarbeit im Rahmen von Interpol in den letzten Jahrzehnten von den betroffenen Staaten nicht autorisiert worden wäre. Außerdem tragen die Staaten zum Budget von Interpol bei, was eine Anerkennung ihrer Zugehörigkeit zur Organisation voraussetzt. Selbst wenn man nicht zugestehen wollte, dass die Polizeieinrichtungen bei der Gründung von Interpol vertretungsbefugte Organe ihrer Staaten waren, so wurde die Vertretung

---

6 Österreich war bei der Konferenz im Jahr 1956 durch Prof. *Grassberger* vertreten.
7 *M. Fooner*, Interpol – Issues of World Crime and International Criminal Justice, New York/London 1989, 45.

jedenfalls von den Staaten durch ihre Praxis der letzten Jahrzehnte nachträglich gebilligt.

Das weitere Gegenargument, dass die Mitglieder von Interpol nicht nur Staaten seien, sondern dass in der Liste der Mitglieder oder der Herkunftsländer der Mitglieder aus dem Jahre 1956 auch die Niederländischen Antillen (also ein Nicht-Staat) separat aufscheinen, ist angesichts der Zugehörigkeit einzelner Nicht-Staaten zu internationalen Organisationen nicht unüberwindlich, und man kann darum Interpol zustimmen, dass die „countries eventually replaced the individual police organizations as members".

Man kann also, wie die Expertentagung im Mai 2007, mit guten Gründen zum Ergebnis kommen, dass die Interpol-Verfassung von 1956 ein völkerrechtlicher Vertrag und Interpol eine internationale Organisation mit Rechtspersönlichkeit ist, wobei bei der Registrierung gemäß Art. 102 SVN die Frage nach dem Vertrag im Vordergrund steht. Diese auf dem Interpretationsweg gewonnene Lösung stößt aber auf eine Schwierigkeit, die schon aus dem OSZE-Zusammenhang bekannt ist: Die US-Gesetzgebung verbietet es den Vereinigten Staaten, einer internationalen Organisation anzugehören, wenn dies nicht innerhalb eines Jahres dem Senat gemeldet wird. Wenn die US-Regierung den Senat nicht befasst hat (bei Interpol war das offenbar nicht der Fall), kann es sich um keine internationale Organisation handeln. Daher gibt es noch eine gewisse Zurückhaltung der Vereinigten Staaten, dem Ergebnis, dass Interpol eine internationale Organisation ist, vollinhaltlich zuzustimmen, was auch Auswirkungen auf die Frage der Registrierung der Interpol-Verfassung haben könnte.

In technischer Hinsicht stellt sich auch noch die Frage, welcher Text der Interpol-Verfassung in New York registriert werden soll. Der Text aus dem Jahr 1956 wurde bereits mehrere Male geändert; den VN soll aber nicht der Stammtext und die einzelnen Änderungen, sondern ein konsolidierter Text vorgelegt werden. Da jedoch keine Bereitschaft zu einer formellen, von den Interpol-Mitgliedstaaten beschlossenen Konsolidierung besteht, muss der nicht unproblematische Weg der Hinterlegung einer bloß vom Interpol-Sekretariat erstellten konsolidierten Fassung versucht werden.

Über die weitere Vorgangsweise ist im Interpol-Exekutivkomitee zu beraten. Wenn entsprechende Signale aus Lyon kommen, wird Österreich Konsultationen mit dem VN-Rechtsbüro aufnehmen und dieses ersuchen, die Interpol-Verfassung über 50 Jahre nach ihrer Entstehung zu registrieren. Dass damit nicht unbedingt dem Auftrag des Art. 102 SVN zur sofortigen Registrierung völkerrechtlicher Verträge entsprochen würde, steht außer Zweifel.

Teil III
Rechtsfragen des Klimaschutzes

Das Montreal Protokoll über Stoffe, die zu einem Abbau der Ozonschicht führen

*Yvonne Schmidt**

A. Einleitung

In einer Presseaussendung vom 5. 3. 2007[1] begrüßte der Exekutivdirektor des Umweltprogramms der Vereinten Nationen (United Nations Environment Programme, UNEP) Achim Steiner ausdrücklich die Publikation einer in den USA erschienen wissenschaftlichen Studie mit dem Titel „The importance of the Montreal Protocol in protecting climate".[2]

Bezogen auf diese Studie erklärte *Achim Steiner*, dass durch den parallelen Vorstoß, eine Verringerung der die Ozonschicht schädigenden Chemikalien herbeiführen zu wollen, ein wichtiger Beitrag zum Kampf gegen die Klimaänderung geleistet werden kann. Die Klimadimension des Montreal Protokolls sei zu wenig bekannt und würde mehr Aufmerksamkeit gerade von jenen Gemeinschaften verdienen, die in den Schutz von Ozonschicht und Klima involviert sind. Obige Studie weise jedenfalls auf eine grundlegende Tatsache hin: nämlich, dass eine gut geplante Tätigkeit hinsichtlich eines umweltrelevanten Bereiches mehrfachen Nutzen haben kann. So demonstriere die Studie, dass eine auf schmalen ökonomischen Kriterien basierende Berechnung umweltrelevanter Kosten die breiteren ökonomischen Möglichkeiten und den wahrscheinlich auftretenden Nutzen häufig nicht berücksichtigt.[3] Jedoch könne die Einbeziehung der Klimadimension das als sehr effektiv charakterisierte Montreal Protokoll noch kosteneffektiver machen. Dies sei besonders in einem Jahr wie 2007 eine wichtige Botschaft – so *Achim Steiner*. Denn im Jahr 2007 feiere man das 20-jährige Be-

---

* Mag. Dr. *Yvonne Schmidt* ist wissenschaftliche Mitarbeiterin am Institut für Völkerrecht und Internationale Beziehungen der Karl-Franzens-Universität Graz.
1 UN Press Release, Statement by *Achim Steiner*, UN Under-Secretary General and UN Environment Programme Executive Director, on the Publication of a Paper on Montreal Protocol and Climate Change, 5. 3. 2007, http://www.uneptie.org/ozonaction/information/ mmcfiles/4850-e-SteinerStatement050307.pdf.
2 *G. J. M. Velders/S. O. Anderson/J. S. Daniel/D. W. Fahey/M. McFarland*, The importance of the Montreal Protocol in protecting climate, in Proceedings of the National Academy of Sciences of the USA (PNAS), 20. 4. 2007, Bd. 104, Nr. 12, 4814–4819, http://www.pnas. org/cgi/content/full/104/12/4814. Veröffentlicht auch auf der Website der Netherlands Environmental Assessment Agency (MNP), http://www.mnp.nl/en/publications/2007/The_ importance_of_the_Montreal_Protocol_in_protecting_climate.html.
3 Vgl. *Steiner* (FN 1).

stehen des Montreal Protokolls und das 10-jährige Bestehen der Unterzeichnung des Kyoto Protokolls.[4]

Den Zusammenhang zwischen ozonschädigenden Substanzen und Klimaänderung[5] haben aber nicht nur die oben zitierte wissenschaftliche Studie und das Statement des UNEP-Exekutivdirektors hervorgehoben. Vielmehr wurden schon seit dem Jahre 2005 von Sonderorganisationen (z. B. der Weltorganisation für Meteorologie[6]) und anderen Institutionen der Vereinten Nationen (z. B. des Zwischenstaatlichen Ausschusses für Klimaänderungen[7]) mehrere Berichte veröffentlicht, die ebenfalls auf den Zusammenhang zwischen Ozon und Klima hingewiesen haben. Zu diesen Berichten zählen der IPCC Special Report on Safeguarding the Ozone Layer and the Global Climate System, 2005;[8] der UNEP-Bericht Environmental Effects of Ozone Depletion and its Interactions with Climate Change: 2006 Assessment;[9] und der im Februar 2007 publizierte WMO/UNEP-Bericht Scientific Assessment of Ozone Depletion: 2006, Global Ozone Research and Monitoring Project.[10]

Diese Abhandlung beschäftigt sich mit einer Analyse des Montreal Protokolls über Stoffe, die zu einem Abbau der Ozonschicht führen (1987). Am Beginn wird ein kurzer Abriss über die Entstehungsgeschichte und den Ratifikationsstand gegeben. Anschließend wird auf die materiellen Verpflichtungen, auf die Institutionen und Verfahrensvorschriften des Montreal Protokolls in seiner ursprünglichen Fassung sowie auf jene Besonderheiten (Regelungsverschärfungen und Ausweitungen) eingegangen, die durch Folgeverhandlungen[11] zum ursprünglichen Protokoll etabliert wurden, um den eingegangenen materiellen

---

4 Ibid., 2.
5 In der Präambel des Montreal Protokolls steht: „*Die Vertragsparteien dieses Protokolls*, als Vertragsparteien des Wiener Übereinkommens zum Schutz der Ozonschicht, im Bewusstsein der möglichen klimatischen Auswirkungen von Emissionen dieser Stoffe, [...]"
6 World Meteorological Organization (WMO).
7 Intergovernmental Panel on Climate Change (IPCC), deutsch auch: Weltklimarat.
8 *IPCC/TEAP*, Special Report on Safeguarding the Ozone Layer and the Global Climate System, http://arch.rivm.nl/env/int/ipcc/pages_media/SROC-final/SpecialReportSROC. html.
9 *UNEP*, Environmental Effects of Ozone Depletion and its Interactions with Climate Change: 2006 Assessment, http://ozone.unep.org/Assessment_Panels/EEAP/eeap-report 2006.pdf.
10 *WMO/UNEP*, Scientific Assessment of Ozone Depletion: 2006, Global Ozone Research and Monitoring, Project Report No. 50, http://ozone.unep.org/Assessment_Panels/SAP/ Scientific_Assessment_2006_Exec_Summary.pdf.
11 Folgekonferenzen in London 1990, Kopenhagen 1992, Wien 1995, Montreal 1997, Peking 1999. Siehe dazu ausführlich im Kapitel B.

Verpflichtungen effektiver nachkommen zu können. Den Abschluss bilden ein Fazit sowie ein Ausblick für die kommenden Jahre.

B. Entstehungsgeschichte und Ratifikationsstand

I. Entstehungsgeschichte

Nach Veröffentlichung der These der drei Chemiker und späteren (1995) Nobelpreisträger *Paul J. Crutzen*, *Frank S. Rowland* und *Mario J. Molina*,[12] wonach eine Anhäufung von Fluorchlorkohlenwasserstoffen (FCKW)[13] in der Atmosphäre durch Freisetzung von hauptsächlich Chlor zu einem Abbau der stratosphärischen Ozonschicht führe, hatten die USA im Jahre 1977 als erster Staat die Verwendung von FCKW als Treibgas in Spraydosen verboten.[14]

---

12 *R. G. Prinn*, The 1995 Nobel Prize in Chemistry: A First for Atmospheric Chemistry and Global Change Studies, Neuabdruck von IGACtivities Newsletter Nr. 3, Jänner 1996, http://www.igac.noaa.gov/newsletter/highlights/1995/nobel.html.
13 FCKW sind ein industrielles Produkt, das in Kühlsystemen, Klimaanlagen, als Treibgas in Spraydosen, als Lösungsmittel und bei der Produktion von bestimmten Verpackungsmaterialien verwendet wird. Grund für die Beliebtheit der FCKW war, dass sie als halogenhaltige Gase in der vom Menschen bewohnten unteren Erdatmosphäre (Troposphäre) chemisch nicht reaktiv (geruchlos, ungiftig, nichtentzündlich und leicht zu handhaben) sind und die menschliche Gesundheit dort nicht belasten. In der Troposphäre spielt sich auch der Großteil des Wetters ab, z. B. Regen, Schnee und Wolken. Darüber liegt die Stratosphäre – jene wichtige Region, in der Effekte wie Ozonloch und globale Erwärmung ihren Ursprung haben. FCKW werden wegen der erwähnten fehlenden Reaktion in der Troposphäre in große Höhen verfrachtet und dort vom intensiveren Sonnenlicht (UV-Licht) in ihre Bestandteile zerlegt. Dabei bildet sich Chlor, Fluor und Brom, das die Zerstörung des stratosphärischen Ozons verursacht. Ozon in der Stratosphäre ist aber für den Menschen überlebenswichtig, denn dort absorbiert es einen Teil der potentiell schädlichen ultravioletten (UV-)Strahlung, die Hautkrebs, Augenschäden, Immunstörungen auslösen und die Vegetation schädigen kann. Ozon in der Troposphäre hingegen ist ein Gesundheitsrisiko (Hauptbestandteil des Smogs). Der während der letzten Jahrzehnte erfolgte Ausstoß halogenhaltiger Gase führte zu einer Abnahme der Ozonschicht in der Atmosphäre. Näher dazu vgl. etwa *G. Carver*, Die Ozonloch-Tour, Centre for Atmospheric Science, University of Cambridge 1999, http://www.atm.ch.cam.ac.uk/tour/tour_de/index.html; *A. Diefenbach*, Halogene in der Umwelt, Gesellschaft für Verantwortung in der Wissenschaft (GVW), http://www.staff.uni-marburg.de/~gvw/texte.mix/chemie_halogene.html#anfang; *R. Demuth*, Ozonloch und anthropogener Treibhauseffekt, http://www.chemievorlesung. uni-kiel.de/1992_umweltbelastung.
14 Vgl. *R. E. Benedick*, The Improbable Montreal Protocol: Science, Diplomacy, and Defending the Ozone Layer, A Policy Case Study Prepared for the 2004 Policy Colloquium of the American Meteorological Society, http://www.ametsoc.org/atmospolicy/documents/ Benedickcasestudy_000.pdf, 4.

Im März 1977 kam es erstmals zu einer internationalen Erörterung des Ozonproblems auf einer durch das UNEP in Washington organisierten Expertenkonferenz. Im Mai 1977 wurde vom UNEP ein Koordinierungskommittee betreffend die Ozonschicht (Coordinating Committee on the Ozone Layer) eingerichtet,[15] dessen Hauptaufgabe die Informationsbeschaffung und -verteilung auf internationaler Ebene sein sollte. 1981 fand in Montevideo die erste UNEP-Konferenz statt, wo dem Ozonproblem ein enormer Stellenwert eingeräumt wurde.[16]

Bei den Verhandlungsrunden kristallisierten sich zwei Gruppen[17] heraus:

1. Gruppe: Die sogenannte Toronto-Gruppe (USA, Kanada, Finnland, Norwegen, Schweden, Australien, Österreich, Schweiz), die weit reichende Produktionsbeschränkungen der wichtigsten ozonschädigenden Substanzen (OZS) auf internationaler Ebene verlangten.

2. Gruppe: Die EWG-Länder (und Japan), die auf dem Standpunkt standen, der kurz zusammengefasst so lautete: ja zur freiwilligen Reduktion, nein zur strikten Regulation.

Als sich die Delegierten aus über 40 Staaten im März 1985 trafen, war nach langen Verhandlungen klar, dass es vorläufig zu keinem Verbot von ozonschädigenden Substanzen kommen würde, weil kein Kompromiss erzielt werden konnte. Die am 22. März 1985 beschlossene Wiener Konvention zum Schutz der Ozonschicht[18] wurde demnach nur als Rahmenübereinkommen konzipiert, das allgemeine Grundsätze etablierte, die von den Vertragsparteien durch nachfolgende Übereinkommen erst noch konkretisiert werden mussten. Die Wiener Konvention zum Schutz der Ozonschicht schaffte aber einen institutionellen und organisatorischen Rahmen für Verhandlungen über konkrete Problemlösungen.[19]

---

15 *UNEP Governing Council*, Decision 84 C (V) of 25. 5. 1977 on the establishment of the Coordinating-Committee on the Ozone Layer, http://www.unep.org/Documents.Multilingual/Default.asp?DocumentID=65&ArticleID=1274&l=en.
16 Vgl. dazu ausführlich etwa *D. Butz*, Vom Leader zum „laggard": Die internationale Ozon- und Klimapolitik der USA, Magisterarbeit, Heidelberg 2005, 9.
17 *Benedick* (FN 14), 6.
18 Vienna Convention for the Protection of the Ozone Layer 1985, http://www.unep.ch/ozone/vc-text.shtml.
19 Gem. Art. 6 wurde die Konferenz der Vertragsparteien (COP) de facto als politisches Willensbildungsorgan des Regimes festgelegt. Art. 7 (Sekretariat) legt den institutionellen Teil des Regimes fest. Art. 11 sieht Streitbeilegung, gute Dienste, Schiedsgericht und Vorlage an den IGH vor.

Materielle Rechtspflichten – mit dem Ziel des innerhalb eines bestimmten Zeitplanes zu bewirkenden Abbaus von Stoffen, die die Ozonschicht schädigen – wurden in einem gesonderten Protokoll festgelegt, nämlich dem Montreal Protokoll über Stoffe, die zu einem Abbau der Ozonschicht führen.

Das Montreal Protokoll wurde am 16. September 1987[20] in Montreal am Hauptsitz der Internationalen Zivilluftfahrt-Organisation von den Vertragsstaaten der Wiener Konvention angenommen. Leiter der Konferenz war der österreichische Diplomat Dr. *Winfried Lang*, der gemeinsam mit dem Leiter der US-Delegation Dr. *Richard Benedick* letztlich dem Protokoll zum Durchbruch verholfen hat.[21] Vorübergehend sah es jedoch so aus, als würde die Annahme des Protokolls am sowjetischen Fünfjahresplan scheitern, den der Vertreter aus Moskau in letzter Minute in die Diskussionen einbrachte und von dem er nicht abweichen wollte. Abseits des offiziellen Konferenzraumes erklärte er allerdings einem kleinen Kreis, dem auch Botschafter *Lang* und Delegierter *Benedick* angehörten, dass er keiner Reduktion zustimmen könne, weil die sowjetischen Produktionsziffern bis 1990 festgelegt seien und der Fünfjahresplan laut Verfassung nicht geändert werden dürfe. Das Problem lösten die beiden Delegierten *Benedick* und *Lang* schließlich beim Mittagessen: Auf einer Serviette des Tagungsrestaurants entwarfen sie einen Absatz, der Ausnahmeklauseln für die damalige UdSSR vorsah.[22] Damit war der Weg für die Annahme des Montreal Protokolls frei.

Das Protokoll trat am 1. 1. 1989 in Kraft, nachdem es von 29 Ländern und der EWG ratifiziert worden war.[23] Als einer der ersten Staaten ratifizierten die USA im März 1988 das Montreal Protokoll als Kernstück des internationalen Ozonregimes und etablierten sich somit als Vorreiter bei dieser Thematik.[24]

Der vereinbarte Montreal Protokolltext verpflichtete Industriestaaten, den Verbrauch und die Produktion von FCKW innerhalb eines Jahres nach Inkrafttreten des Vertrages am Niveau des Jahres 1986 zu stabilisieren, gefolgt von einer 20 %-Verringerung in den Jahren 1993 bis 1994 und einer weiteren Reduktion von 50 % im Zeitraum von 1998 bis 1999.

---

20 Montreal Protocol on Substances that Deplete the Ozone Layer 1987, http://ozone.unep.org/Ratification_status/montreal_protocol.shtml.
21 Vgl. dazu ausführlich *M. Tolba*, The Story of the Ozone Layer in: *W. Lang* (Hrsg.), The Ozone Treaties and Their Influence on the Building of International Environmental Regimes, Wien 1996, 9.
22 *Benedick* (FN 14), 15. Vgl. dazu auch *B. Pötter*, In letzter Minute, Die Zeit 37/2007, http://www.zeit.de/2007/37/A-Montreal-Protokoll.
23 Vgl. Art. 16 des Montreal Protokolls.
24 *Butz* (FN 16), 5.

Die festgelegten Eckdaten für die Reduktion sollten jede erdenkliche Versuchung von Regierungen, das Inkrafttreten des Protokolls durch das Hinauszögern von Kürzungen zum Scheitern zu bringen, ausschließen. Für die Industriestaaten wurden feste Daten, wonach die Planung zu orientieren war, vereinbart. Den Entwicklungsländern hingegen wurde eine zehnjährige Aufschubfrist genehmigt, bevor sie zwingende Verpflichtungen aufnehmen mussten. Ebenso wurde ihnen technologische und finanzielle Unterstützung versprochen, deren genaue Bedingungen aber erst bei den nachfolgenden Treffen der Parteien zum Protokoll auszuarbeiten waren.[25]

Das Montreal Protokoll war so entworfen, dass die Zeitpläne aufgrund von periodischen wissenschaftlichen und technologischen Einschätzungen verbessert werden konnten. Gemäß solchen Einschätzungen wurde das Protokoll dann auch mehrere Mal abgeändert und angepasst, um die zuvor aufgestellten Zeitpläne zu beschleunigen oder um andere Arten von Kontrollmaßnahmen einzuführen und neue kontrollierte Substanzen der Liste hinzuzufügen.[26]

Auf der zweiten, vierten, siebenten, neunten und elften Konferenz der Vertragsstaaten des Montreal Protokolls wurden in Änderungsdokumenten (London Amendment (1990),[27] Kopenhagen Amendment (1992),[28] Wien Amendment (1995), Montreal Amendment (1997)[29] und Peking Amendment (1999)[30] gewisse Anpassungen der in den Annexen aufgelisteten Substanzen festgeschrieben. Diese Anpassungen betrafen Produktions- und Konsumtionsreduktionen sowie eine Verschärfung des Abbaukalenders (z. B. für FCKW und Halone).[31]

Diese Änderungen sind nur für jene Vertragsparteien in Kraft getreten, die das spezifische Änderungsdokument auch tatsächlich ratifiziert haben. Laut einem

---

25 *Benedick* (FN 14), 15.
26 *UNEP*, Evolution of the Montreal Protocol, http://ozone.unep.org/Ratification_status/evolution_of_mp.shtml.
27 London Amendment (1990) to the Montreal Protocol, in Kraft getreten am 10. 8. 1992, http://ozone.unep.org/Ratification_status/london_amendment.shtml.
28 Copenhagen Amendment (1992) to the Montreal Protocol, in Kraft getreten am 14. 6. 1994, http://ozone.unep.org/Ratification_status/copenhagen_amendment.shtml.
29 Montreal Amendment (1997) to the Montreal Protocol, in Kraft getreten am 10. 11. 1999, http://ozone.unep.org/Ratification_status/montreal_amendment.shtml.
30 Beijing Amendment (1999) to the Montreal Protocol, in Kraft getreten am 1. 1. 2001, http://ozone.unep.org/Ratification_status/beijing_amendment.shtml.
31 Montreal Protocol on Substances that Deplete the Ozone Layer von 1987 idF von London 1990, Kopenhagen 1992, Wien 1995, Montreal 1997, Peking 1999. *UNEP*, Evolution of the Montreal Protocol, 2000, http://ozone.unep.org/pdfs/Montreal-Protocol2000.pdf.

Handbuch von UNEP, das im Jahre 2006 herausgegeben wurde, sind fast 95 % aller die Ozonschicht schädigenden Substanzen eingedämmt worden.[32]

II. Ratifikationsstand

Am 13. 11. 2007 war der Ratifikationsstand wie folgt: Die Wiener Konvention zum Schutz der Ozonschicht und das Montreal Protokoll waren von jeweils 191 Staaten ratifiziert worden. Das heißt, dass insgesamt nur fünf Staaten (Irak, Timor Leste, Andorra, Holy See, San Marino) die beiden ursprünglichen Ozon-Abkommen nicht unterzeichnet haben. Das London Amendment war von 186, das Kopenhagen Amendment von 179, das Montreal Amendment von 159 und das Peking Amendment von 135 Staaten ratifiziert worden.[33]

C. Materielle Verpflichtungen

Die Staaten bekennen sich in der Präambel des Montreal Protokolls zu ihrer Verpflichtung, „geeignete Maßnahmen zu treffen, um die menschliche Gesundheit und die Umwelt vor schädlichen Auswirkungen zu schützen, die durch menschliche Tätigkeiten, welche die Ozonschicht verändern oder wahrscheinlich verändern, verursacht werden oder wahrscheinlich verursacht werden." Dies ist ein klares Bekenntnis zum Vorsorgeprinzip,[34] wonach eine potenzielle und die Umwelt belastende Verhaltensweise unterbunden werden soll, wenn ihre Schädlichkeit denkbar ist.

Die Unterzeichnerstaaten verpflichten sich im Montreal Protokoll zur Reduzierung und schließlich – von wenigen Ausnahmen[35] abgesehen – zur vollständigen Abschaffung der Emission von chlor- und bromhaltigen Chemikalien, welche die stratosphärisches Ozon zerstören.[36] Die geregelten Stoffe sind in mehreren

---

32 *A. Steiner*, Foreword, in: *UNEP*, Handbook for the Montreal Protocol on Substances that Deplete the Ozone Layer, 2006, http://ozone.unep.org/Publications/Handbooks/MP_Hand book_2006.pdf. Zur Kritik dazu siehe Abschnitt F.
33 *UNEP*, Ozone Treaties, Status of Ratifications. http://ozone.unep.org/Ratification_status/index.shtml.
34 Eine einheitliche Begriffsdefinition des Vorsorgeprinzips gibt es nicht. Man versteht darunter den Versuch, der fehlenden Gewissheit von möglichen nachteiligen Effekten explizit Rechnung zu tragen. Dies entspringt der Erkenntnis, dass viele Umweltschäden erst Jahrzehnte später erkannt werden. Dementsprechend ist es ein Ausdruck für das Bedürfnis, aus Fehlern der Vergangenheit zu lernen und irreversible Gefahren vorzubeugen. Vgl. die Ausführungen des *Österreichischen Umweltbundesamtes* zum Vorsorgeprinzip, http://www.umweltbundesamt.at/umweltschutz/gentechnik/risikoabschaetzung/vorsorgeprinzip.
35 Z. B. bromhaltige Chemikalien, die für die medizinische Versorgung unerlässlich sind.
36 Vgl. Präambel des Montreal Protokolls.

Anhängen erfasst und enthalten z. B. FCKW,[37] Halone,[38] Bromide[39] und Tetrachlorkohlenstoff.[40]
Die Listen mit den geregelten Stoffen konnten nach der ursprünglichen Fassung des Montreal Protokolls auch mit Zweidrittelmehrheit der anwesenden und abstimmenden Vertragsparteien abgeändert werden. Für die Wahl waren jene Stimmen ausreichend, die zusammen mindestens die Hälfte des Totalverbrauches der kontrollierten Substanzen der Parteien repräsentierten.[41] Damit konnte einem Staat auch gegen seinen Willen eine völkerrechtliche Verpflichtung auferlegt werden.

Die Bestimmung betreffend Zweidrittelmehrheit ist für einen völkerrechtlichen Vertrag ungewöhnlich und bedeutet einen starken Regelungsmechanismus, dem von vielen Autoren allgemeiner Modellcharakter[42] beigemessen wird. Angesichts der Tatsache, dass durch diese Bestimmung sehr viel Macht in die Hand der größten Verbraucher der OZS gelegt wurde, kam es 1990 zu einer Änderung dieses Abstimmungsmodus: Erforderlich ist nunmehr die Mehrheit der anwesenden und abstimmenden entwickelten Staaten und Entwicklungsländer.[43]

Die Staaten haben im Montreal Protokoll vereinbart, in der Forschung über die Mechanismen des Ozonabbaus zusammenzuarbeiten.[44] Für Entwicklungsländer wurden großzügigere Fristen bei der Reduktion der Stoffe festgesetzt, um ihre „grundlegenden nationalen Bedürfnisse zu decken."[45]

---

37 Art. 2A und Stoffe in Gruppe I der Anlage A des Montreal Protokolls.
38 Art. 2E und Stoffe in Gruppe III der Anlage B des Montreal Protokolls.
39 Art. 2H und Anlage E, sowie Artikel 2I und Gruppe III der Anlage C des Montreal Protokolls.
40 Art. 2B und Stoffe in Gruppe II der Anlage A des Montreal Protokolls.
41 Art. 2 (9c) des Montreal Protokolls: „bei solchen Beschlüssen bemühen sich die Vertragsparteien nach Kräften um eine Einigung durch Konsens. Sind alle Bemühungen um einen Konsens erschöpft und wird keine Einigung erzielt, so werden als letztes Mittel solche Beschlüsse mit einer Zweidrittelmehrheit der anwesenden und abstimmenden Vertragsparteien angenommen, die mindestens 50 % des gesamten Verbrauchs der Vertragsparteien an geregelten Stoffen vertritt".
42 Vgl. dazu ausführlich etwa *U. Beyerlin*, Umweltvölkerrecht, 2000, 2. Teil, 2. Kapitel, § 13, RN 314; *W. Lang*, Treaty-making, Science and Compliance Control, in: *W. Lang* (FN 21), 97.
43 London Amendment.
44 Art. 9 des Montreal Protokolls.
45 Art. 5 des Montreal Protokolls. Daher werden Entwicklungsländer in vielen Berichten und Abhandlungen auch als „Artikel 5"-Staaten bezeichnet.

Die Staaten sind außerdem verpflichtet, „geeignete Technologien" an die Entwicklungsländer weiterzugeben, insbesondere taugliche Alternativprodukte – d. h. umweltverträgliche Ersatzprodukte – für die geregelten Stoffe.[46] Ein interessanter Aspekt ist auch, dass Vorbehalte zum Montreal Protokoll nicht zulässig sind.[47]

Ein Merkmal, das beim Regime zum Schutz der Ozonschicht stark hervorsticht, ist die Abkehr vom völkerrechtlichen Prinzip der Gleichheit der Staaten. Einerseits werden den wirtschaftlich schwachen Entwicklungsländern Sonderbegünstigungen eingeräumt, auf der anderen Seite erreichte die Europäische Gemeinschaft als Resultat ihrer „Bargaining Power" ebenfalls eine Sonderbehandlung.[48]

D. Institutionen und Strategien der Implementierung

I. Institutionen

Das Montreal Protokoll hat folgende, für den Erfolg ausschlaggebende[49] gemeinschaftlichen Institutionen festgelegt:

1. Tagungen der Vertragsparteien (Meetings of Parties (MOP)),[50] welche in regelmäßigen Abständen abzuhalten sind. Zu deren wichtigsten Aufgaben zählen die Überprüfung der Durchführung des Protokolls; die Beschlussfassung der Anpassungen und Verminderungen; die Beschlussfassung betreffend Aufnahme, Eingliederung oder Streichung von Stoffen, die im Montreal Protokoll aufgelistet sind; die Festlegung von Leitlinien und Verfahren für die Bereitstellung von Informationen; die Überprüfung vorgelegter Anträge auf technische Unterstützung; die Überprüfung der vom Sekretariat vorgelegten Berichte.[51]

2. Das Sekretariat[52] mit Sitz in Nairobi (Kenia) hat für die Zwecke des Protokolls folgende Aufgaben: Veranstaltung der Tagungen und Konferenzen der Vertragsparteien (Meetings of Parties (MOPs), Conferences of Parties (COPs)); Entgegennahme bereitgestellter Daten und Bereitstellung für die Vertragsparteien; Erarbeitung von Berichten; Ermutigung der Nichtvertrags-

---

46 Art. 10 des Montreal Protokolls.
47 Art. 18 des Montreal Protokolls.
48 Vgl. *Butz* (FN 16), 11 f.
49 *Beyerlin* (FN 42).
50 Art. 11 des Montreal Protokolls.
51 Art. 11 Abs. 4 des Montreal Protokolls.
52 Art. 12 des Montreal Protokolls.

parteien, an den Tagungen der Vertragsparteien als Beobachter teilzunehmen und dafür Informationen zur Verfügung zu stellen.

3. Weitere Institutionen, die im Rahmen des Montreal Protokolls etabliert wurden, sind diverse Assessment Panels (AP), wie z. B. das Technology and Economic Assessment Panel (TEAP), das Scientific Assessment Panel (SAP) und das Environmental Effects Assessment Panel (EEAP).[53]

4. Neben den starken und verbindlichen Maßnahmen hat auch die dauerhafte Finanzierung über den Multilateralen Fonds (Multilateral Fund (MLF))[54] zur Umsetzung des Protokolls beigetragen. Er soll die Entwicklungsländer bei der Erfüllung ihrer Vertragspflichten unterstützen. Zusätzlich können Industriestaaten 20 % ihrer finanziellen Beiträge durch eigene Durchführungsorganisationen zur Unterstützung der Entwicklungsländer verwenden.[55] Der MLF wird vom Exekutivkomitee (ExCom)[56] und dem MLF-Sekretariat[57] geleitet. Vier multilaterale Organisationen, nämlich die Weltbank, das Umweltprogramm der Vereinten Nationen (United Nations Environment Programme (UNEP)), das Entwicklungsprogramm der Vereinten Nationen (United Nations Development Programme (UNDP)) und die Organisation der Vereinten Nationen für industrielle Entwicklung (United Nations Industrial Development Organization (UNIDO)) unterstützen die Entwicklungsländer mit den Geldern des MLF in der Umsetzung und Durchsetzung der Bestimmungen des Montreal Protokolls.[58] Das in der Praxis wichtigste Organ ist der Multilaterale Fonds.

II. Strategien der Implementierung

Die Weltbank hat verschiedene Strategien entwickelt, um Länder bei der Umsetzung ihrer Montreal Protokoll-Verpflichtungen zu unterstützen. Ein sehr innovativer Ansatz ist der nationale *Phaseout*-Plan für Länder, der durch aktive Teilnahme aller *stakeholder* in den jeweiligen Ländern, einschließlich privater, staatlicher und nichtstaatlicher Organisationen entwickelt wird. Die nationalen

---

53 *UNEP* (FN 31), 394–396.
54 S. die Website des Multilateral Fund for the Implementation of the Montreal Protocol (MLF), http://www.multilateralfund.org/.
55 *MLF*, About the Multilateral Fund: Overview, http://www.multilateralfund.org/about_the _multilateral_fund.htm.
56 *MLF*, Executive Committee, http://www.multilateralfund.org/executive_committee.htm.
57 *MLF*, Fund Secretariat, http://www.multilateralfund.org/fund_secretariat.htm.
58 *MLF*, Implementing Agencies, http://www.multilateralfund.org/implementing_agencies. htm.

Phaseout-Pläne bestehen aus einer Kombination von zweckorientierter Kapitalanlage, Nichtanlage, politischen und regulierenden Unterstützungsmaßnahmen zur Unterstützung des FCKW-*Phaseout* in allen FCKW verbrauchenden Sektoren.[59] Solche nationalen *Phaseout*-Pläne existieren z. B. für die Bahamas, Malaysia, Thailand und die Türkei.[60]

Andere Strategien schließen marktbasierte Instrumente,[61] Kühlerwiedereinbau-Services,[62] rotierende Kapitalfonds,[63] Sektorenannäherung,[64] nationale Durchführung sowie die Aktivitäten kleiner und mittlerer Unternehmen im kommerziellen Kühlapparatesektor ein.[65]

III. Erfüllungskontrolle (Compliance Control)

Im Rahmen des Montreal Protokolls wurde ein Mechanismus der Erfüllungskontrolle (Compliance Control)[66] geschaffen, der auf kollektiven und kooperativen Methoden beruht – ganz im Gegensatz zu den etablierten Mitteln repressiver Rechtsdurchsetzung.

Darin lässt sich die Einsicht erkennen, dass es bei komplexen Themen wie beispielsweise dem Schutz der Ozonschicht eben um Normen geht, die im Staatengemeinschaftsinteresse erlassen werden, und die Vertragsziele nur dann erreicht werden können, wenn die Staaten solidarisch handeln und sich als Solidargemeinschaft betrachten.[67] Erfüllungskontrolle dient in erster Linie der Prävention, also dem Hintanhalten der Vertragsverletzung an sich.

Wesentliche Elemente der Erfüllungskontrolle gemäß Montreal Protokoll sind systematische und regelmäßige Überprüfungsverfahren mit entsprechenden Berichts- und Deklarationspflichten der Vertragsparteien.[68] Modellcharakter kommt hier dem Montreal Protokoll insofern zu, als das Sekretariat selbst eine

---

59 *Weltbank*, Themes and Strategies, http://go.worldbank.org/K5RY1P1670.
60 *Weltbank*, National CFC Phaseout Plans, http://go.worldbank.org/MZ3REUNZN0. Siehe dazu im Detail ein umfangreiches Dokument mit einer Übersicht über sämtliche bis September 2007 existierenden nationalen Phaseout-Pläne und Projekte auf der Webseite des MLF, http://www.multilateralfund.org/files/Policy52Plans.pdf.
61 *Weltbank*, Market-Based Instruments, http://go.worldbank.org/WCABN14VY0.
62 *Weltbank*, Chiller Replacement, http://go.worldbank.org/RK3DN8H3H0.
63 *Weltbank*, Revolving Fund, http://go.worldbank.org/LBMG4WLWS0.
64 *Weltbank*, Sector Approach, http://go.worldbank.org/TM8QFXYPB0.
65 *Weltbank*, Themes and Strategies, http://go.worldbank.org/K5RY1P1670.
66 *Beyerlin* (FN 42) 3. Teil, § 17, RN 461.
67 Ibid.
68 Art. 7 und 9 des Montreal Protokolls.

faktische Evaluierung der Informationen vornimmt und auf Grund der eingehenden Informationen sogar selbst Berichte erstellen kann und sie dann den Vertragsparteien übermittelt.[69] Eine rechtliche Evaluierung der Informationen und der Berichte erfolgt dann durch die Vertragsstaatenkonferenz.[70]

Möglichkeiten der Informationsbeschaffung im Rahmen der Erfüllungskontrolle bestehen durch die Einbeziehung von Nicht-Vertragsparteien und NGOs, die als Beobachter zu Tagungen zugelassen werden können.[71]

IV. Non-Compliance-Mechanismus

Als Reaktion auf Erfüllungsprobleme sieht das Montreal Protokoll auch ein eigenes Non-Compliance-Verfahren (Nicht-Einhaltungsverfahren)[72] vor, das sich durch dessen partnerschaftlichen Charakter auszeichnet. Anhang IV des Montreal Protokolls enthält nämlich alternativ unterstützende Maßnahmen oder Maßnahmen mit Strafcharakter.

E. Vorbildwirkung des Montreal Protokoll für das Kyoto Protokoll?

Das Montreal Protokoll wird immer wieder als als Vorbild für das Kyoto Protokoll herangezogen, wobei es hinsichtlich dieser Sichtweise auch sehr kritische Stimmen gibt.[73]

Verschiedene Experten – wie etwa der bereits erwähnte Leiter der US-Delegation Dr. *Richard Benedick* – betonen, dass das dem Montreal Protokoll zugrunde liegende Ozonproblem eine in beträchtlichem Ausmaß einfachere Angelegenheit war, als es das Klimaproblem zu sein scheint. Denn es gilt als wissenschaftlich erwiesen, dass sich die Ozonschicht nach einiger Zeit regenerieren wird, sobald in ausreichendem Maße auf ozonfreundliche Chemikalien und Substanzen umgestiegen wird. Außerdem sind zur Bewältigung des Ozonproblems viel weniger Betriebsmittel erforderlich als für die Bewältigung des Klimaproblems notwendig sind. Weitere Faktoren sind, dass durch das Montreal Protokoll die Wirtschaft nicht gestört wurde, da Geld und Technologie vorhanden waren oder bereitgestellt wurden, um ozonfreundliche Chemikalien und Substanzen einzufüh-

---

69 Art. 12 (c) des Montreal Protokolls.
70 Art. 11 (4) des Montreal Protokolls.
71 Art. 11 (5) des Montreal Protokolls.
72 Art. 8 des Montreal Protokolls. S. zum Non-Compliance-Verfahren *UNEP* (FN 31), 217–303.
73 Kritisch hinsichtlich des Modellcharakters etwa *N. R. Krishnan*, Climate, Nobel and Al Gore, The Hindu Business Line, 17. 10. 2007.

ren. Auch wurde keine Änderung der Lebensstile verlangt. Mit der United Nations Framework Convention on Climate Change (UNFCCC) und dem Kyoto Protokoll ist die Situation jedoch unterschiedlich.[74]

F. Kritik und Defizite am Montreal Protokoll

20 Jahre nach dem historischen Verbot sind laut einem Bericht von Greenpeace erst ein Drittel der FCKW durch andere Stoffe ersetzt. Außerdem dürfen auf Grund der vielen verschiedenen Ausnahmeregelungen noch bis zum Jahr 2040 FCKW eingesetzt werden. Diese werden etwa bis zum Jahr 2050 in die Atmosphäre entweichen. Bis zum tatsächlichen Ende der FCKW werden dann fast 70 Jahre vergangen sein, weshalb sich laut Prognosen das Ozonloch erst etwa im Jahre 2068 schließen wird.[75]

Ein weiterer Kritikpunkt ist, dass mit Hilfe des Montreal Protokolls neue, mit den FCKW verwandte F-Gase eingeführt werden. Die Fluor-Kohlenwasserstoffe (FKW), die nahezu das gleiche zerstörerische Treibhauspotential besitzen wie die FCKW, werden diese in den nächsten Jahrzehnten zu fast 100 % ersetzen. Das bedeutet letztendlich, dass das *Phaseout* der FCKW einhergegangen ist mit dem *Phasein* der FKW, die in Autoklimaanlagen, Kälteanlagen etc. eingesetzt werden.

Nach Einschätzungen von Greenpeace wurde das Montreal Protokoll daher von den Beteiligten ad absurdum geführt. Es sollte daher nicht als eine Erfolgsgeschichte gefeiert werden, denn das Gegenteil sei richtig.[76] Greenpeace hat allerdings nicht nur Kritik am Montreal Protokoll und der Art der Implementierung geübt, sondern mit der Entwicklung von FCKW- und FKW-freien Kühlschränken, nämlich dem Greenfreeze[77] und dessen Nachfolger, dem SolarChill,[78] eine taugliche Alternative vorgeschlagen, die tatsächlich eine vielversprechende Lösung darstellen könnte.[79]

---

74 *R. E. Benedick*, Contrasting Approaches: The Ozone Layer, Climate Change, and Resolving the Kyoto Dilemma, Wissenschaftszentrum Berlin für Sozialforschung (WZB) Discussion Paper FS II, 99-404.
75 *Greenpeace*, 20 Jahre Montreal-Protokoll – eine Erfolgsgeschichte?, 17. 9. 2007, http://www.greenpeace.at/4915.html.
76 Ibid.
77 *Greenpeace*, Greenfreeze: Der FCKW-freie Kühlschrank, 3. 10. 2002, http://www.greenpeace.de/themen/sonstige_themen/greenfreeze/artikel/greenfreeze_der_fckw_freie_kuehl schrank.
78 *S. Totz*, SolarChill: Mit Sonne Leben retten, http://www.greenpeace.de/themen/klima/nach richten/artikel/solarchill_mit_sonne_leben_retten.
79 *Greenpeace* (FN 75).

Ein weiterer wichtiger Grund für die starke Verzögerung des Wiederaufbaues der Ozonschicht ist der FCKW-Schmuggel.[80]

G. Fazit und Ausblick

Das Montreal Protokoll ist das erste internationale Rechtsdokument, das die Lösung eines globalen Chemikalienproblems angestrebt hat. Ein wichtiges Charakteristikum ist jedenfalls das klare Bekenntnis zum Vorsorgeprinzip. Verantwortlich für den Erfolg des Montreal Protokolls war zweifelsfrei auch das Bestehen von starken gemeinschaftlichen Institutionen mit einem partnerschaftlichen Ansatz. Zu erwähnen ist hier ganz besonders der Multilaterale Fonds und die Vielzahl an unterschiedlichen Strategien der Implementierung der Verpflichtungen aus dem Protokoll.

Seit Unterzeichnung im Jahre 1987 haben die Vertragsparteien das Montreal Protokoll – das in Reaktion auf wissenschaftliche Beweise und technologische Entwicklungen geschaffen wurde – mehrmals angepasst.

Die Produktion und der Verbrauch der gesamten Gruppen ozonschädlicher Stoffe ist in den Industrieländern dadurch erfolgreich eingedämmt worden und der gleiche Prozess ist in Entwicklungsländern im Gange. Das ist eine bemerkenswerte Leistung seitens der Parteien des Montreal Protokolls.

Obwohl es nach wie vor als eines der erfolgreichsten Beispiele internationaler Zusammenarbeit auf dem Gebiet der globalen Umweltbedrohung gilt, darf dennoch nicht unerwähnt bleiben, dass das Instrument zahlreiche Defizite aufweist. Dazu zählen insbesondere der noch immer stattfindende FCKW-Schmuggel und auch die mangelnde Anerkennung einiger Nachfolgeprotokolle.

Ganz im eingangs erwähnten und von UNEP-Exekutivedirektor *Achim Steiner* ausgedrückten Sinne sollte trotzdem die Implementierung der Verpflichtungen aus dem Protokoll fortgesetzt werden – auch und ganz besonders vor dem Hintergrund der Klimadimension.

---

80 *Bundesministerium für Umwelt, Naturschutz und Reaktorsicherheit*, Schutz der Ozonschicht – Maßnahmen global und lokal, Berlin 2000, http://www.bhkw-info.de/umwelt/ozon.pdf.

Rechtseinhaltungsregime („Compliance procedures and mechanisms") im internationalen Umweltrecht

Gerhard Loibl[*]

A. Einleitung

In den letzten beiden Jahrzehnten sind im Rahmen internationaler Umweltabkommen eine Reihe von Mechanismen entwickelt worden, die die Einhaltung der von den Vertragsparteien vereinbarten Verpflichtungen sicherstellen sollen.[1] Obwohl fast alle Umweltabkommen, die in den letzten Jahren abgeschlossen wurden, Bestimmungen über „traditionelle" Streitbeilegungsmechanismen enthalten, fand in den letzten Jahren eine intensive Diskussion auf internationaler Ebene über die Schaffung „alternativer" Methoden betreffend die Einhaltung und innerstaatliche Umsetzung internationaler Umweltabkommen statt.

Allgemein ist dazu festzuhalten, dass ein genereller Mechanismus, der sich mit der Einhaltung des internationalen Umweltrechtes befasst, nicht geschaffen wurde. Vielmehr wurden für einzelne internationale Umweltabkommen spezifische Mechanismen vereinbart, die sich mit der Frage der Rechtseinhaltung der einzelnen Abkommen befassen. Ein wesentlicher Grund dafür sind in erster Linie die unterschiedlichen Verpflichtungen, die in den einzelnen Abkommen festgelegt sind. Die Rechtseinhaltungsregime werden daher auch erst nach der Annahme des jeweiligen Abkommens verhandelt und etabliert. So bestimmt etwa Art. 18 des Kyoto Protokolls[2] folgendes: „Die als Tagung der Vertragsstaaten dieses Protokolls dienende Konferenz der Vertragsparteien genehmigt auf ihrer ersten Tagung geeignete und wirksame Verfahren und Mechanismen zur Feststellung und Behandlung von Fällen der Nichteinhaltung der Bestimmungen dieses Protokolls [...]."[3] Durch solche Bestimmungen, die sich in den meisten

---

[*] Univ.-Prof. Dr. *Gerhard Loibl*, LL.B., lehrt Völkerrecht und Europarecht an der Diplomatischen Akademie Wien und der Universität Wien.
[1] S. dazu auch Kapitel 39 der Agenda 21, welches sich mit dieser Frage unter dem Titel „International Legal Instruments und Mechanisms" auseinandersetzt.
[2] BGBl. III 89/2005.
[3] Ähnliche Bestimmungen finden sich in Art. 34 des Protokolls von Cartagena über die biologische Sicherheit zum Übereinkommen über die biologische Vielfalt, BGBl. III 94/2003 und Art. 15 des Übereinkommens über den Zugang zu Informationen, die Öffentlichkeitsbeteiligung an Entscheidungsverfahren und den Zugang zu Gerichten in Umweltangelegenheiten (Aarhus Konvention), BGBl. III 88/2005.

Umweltabkommen[4] finden, wird nicht nur die Vertragsparteienkonferenz ermächtigt, ein Rechtseinhaltungsregime zu errichten, sondern es wird auch ein zeitlicher Rahmen für die Errichtung des Regimes festgelegt.

Ein gemeinsames Charakteristikum internationaler Umweltabkommen ist, dass es das Interesse aller Vertragsparteien ist, dass die Vertragsparteien ihre Verpflichtungen aus dem Abkommen einhalten, da sonst das Ziel des Vertrages in Frage gestellt wird und Schäden an der vom Abkommen geschützten Umweltressource eintreten, die in vielen Fällen nicht wieder gutgemacht werden können. Bei den meisten internationalen Umweltabkommen spielt die Reziprozität, wie etwa im Bereich des internationalen Handelsrechts, nur eine geringe Rolle. Im Umweltbereich – ähnlich wie im Menschenrechtsbereich – handelt es sich um Verpflichtungen, die dem Schutz von Umweltressourcen in einer bestimmten Region oder global dienen, oder aber um Verpflichtungen, die ein Staat gegenüber Personen hat, die sich in seinem Jurisdiktionsbereich aufhalten. Die Ziele der internationalen Umweltabkommen können nur dann erreicht werden, wenn alle Parteien ihre eingegangenen Verpflichtungen erfüllen. Dies wird besonders deutlich in den internationalen Umweltabkommen betreffend den Schutz der Ozonschicht oder den Klimaschutz. Ebenso dienten die UNECE-Konvention über grenzüberschreitende weiträumige Luftverschmutzung und ihre Protokolle nicht dem Schutz der Umwelt eines bestimmten Staates, da Luftverschmutzung Auswirkungen auf die gesamte „europäische" Region hat. Aber auch andere internationale Umweltabkommen machen klar, dass der Grundsatz der Reziprozität nicht zur Einhaltung der eingegangenen Verpflichtungen ausreichen kann, da es sich um Verpflichtungen handelt, die gegenüber den Personen, die sich auf dem Territorium der Vertragspartei befinden, vereinbart wurden. Ein Beispiel dafür ist das Übereinkommen über den Zugang zu Informatio-

---

4 Als Ausnahme ist das Baseler Übereinkommen über die Kontrolle der grenzüberschreitenden Verbringung gefährlicher Abfälle und ihrer Entsorgung, BGBl. 229/1993 (im Folgenden: Basel Konvention) zu sehen, die keine ausdrückliche Bestimmung für die Schaffung eines Rechtseinhaltungsregimes enthält. Trotzdem wurde auch unter der Basel Konvention ein solches Regime errichtet, das auf Art. 15 (e) basiert. Diese Bestimmung sieht vor, dass die Vertragsparteienkonferenz Unterorgane einrichten kann, die für die Implementierung der Konvention notwendig sind, s. dazu ausführlich *A. Shibata*, Ensuring Compliance with the Basel Convention – Its Unique Features, in: *U. Beyerlin/P.-T. Stoll/R. Wolfrum* (Hrsg.), Ensuring Compliance with Multilateral Environmental Agreements – A Dialogue between Practitioners and Academia, Leiden/Boston 2006, 69 ff.
Weitere Abkommen, die keine spezielle Bestimmung betreffend ein Rechtseinhaltungsregime beinhalten, sind Abkommen auf regionaler Ebene, wie etwa die Alpenkonvention, BGBl. 477/1995.

nen, die Öffentlichkeitsbeteiligung an Entscheidungsverfahren und den Zugang zu Gerichten in Umweltangelegenheiten, die sogenannte Aarhus Konvention.[5]

Generell ist festzuhalten, dass internationale Umweltabkommen umfangreiche Berichtspflichten für die Vertragsparteien festlegen. Diese beziehen sich nicht nur auf die von den Parteien ergriffenen Maßnahmen auf innerstaatlicher Ebene, wie etwa die jeweiligen gesetzlichen Maßnahmen in Umsetzung der vertraglichen Verpflichtungen oder die Maßnahmen durch die jeweils zuständigen Behörden in konkreten Fällen, sondern auch auf die Übermittlung von Daten über die Produktion, den Import und Export von bestimmten Gütern. Berichte betreffend Daten (z. B. über Exporte und Importe von Waren, oder die Produktion von bestimmten Substanzen) sind jährlich zu übermitteln.[6] Andere Berichte – etwa über rechtliche Maßnahmen – sind in zweijährigen oder dreijährigen Abständen zu übermitteln.[7]

Das Kyoto Protokoll sieht umfangreiche Berichtspflichten für jene Vertragsparteien vor, die verpflichtet sind, ihre Emissionen zu verringern oder zu limitieren. Es handelt sich dabei um die sogenannten „Annex I-Vertragsparteien"[8], die sich gemäß Art. 3.1 iVm Annex B des Kyoto Protokolls zu Emissionsreduktionen oder -limitierungen verpflichtet haben.[9] Diese „nationalen Berichte" sind die Grundlage für die Überprüfung der Einhaltung der Verpflichtungen durch diese Vertragsparteien. „Überprüfungsgruppen" („expert review teams") haben gemäß Art. 8 des Kyoto Protokolls diese jährlichen Berichte zu überprüfen. Die Ergebnisse der Überprüfung werden dann an das Rechtseinhaltungskomitee weitergeleitet. Auch andere internationale Umweltabkommen sehen „nationale Berichte" als eine wichtige Grundlage für die Tätigkeit der Rechtseinhaltungsregime vor.[10]

---

5 BGBl. III 88/2005.
6 S. z. B. die Berichtspflichten unter dem Übereinkommen über den internationalen Handel mit gefährdeten Arten freilebender Tiere und Pflanzen in Art. VIII, BGBl. 188/1982 idgF; oder dem Montreal Protokoll über Stoffe, die zu einem Abbau der Ozonschicht führen, BGBl. 283/1989 idgF.
7 S. zu den Berichtspflichten näher *G. Loibl*, Reporting and Information Systems in International Environmental Agreements as a Means for Dispute Prevention – The Role of "International Institutions", Non-State Actors and International Law 2005, 1 ff.
8 Eine Liste der Industriestaaten, die eine Vorreiterrolle in der Bekämpfung des Klimawandels durch vom Menschen verursachte CO_2-Emissionen übernehmen, findet sich in Annex I des Rahmenübereinkommens der Vereinten Nationen über Klimaänderungen, BGBl. 414/1994 idgF.
9 Vgl. Art. 5 und 7 des Kyoto Protokolls, BGBl. III 89/2005.
10 S. etwa das Rechtseinhaltungsregime unter dem Montreal Protokoll.

B. Zentrale Elemente der Rechtseinhaltungsregime

Obwohl die Rechtseinhaltungsregime unterschiedlich ausgeformt sind, da sie auf die Bestimmungen des jeweiligen internationalen Umweltabkommens ausgerichtet sein müssen, sind einige zentrale – und damit gemeinsame Elemente – festzustellen:

I. Errichtung eines Komitees

Jedes Rechtseinhaltungsregime setzt ein Komitee ein. Die Bezeichnung der Komitees ist unterschiedlich. Meist werden sie als „Implementation Committee" (z. B. unter dem Montreal Protokoll oder der UNECE-Konvention über weiträumige grenzüberschreitende Luftverschmutzung), „Compliance Committee" (z. B. unter dem Kyoto Protokoll oder der Aarhus Konvention) oder nur als „Committee" (z. B. unter der Basel Konvention) bezeichnet.[11] Das Komitee besteht aus einer begrenzten Anzahl von Mitgliedern, die entweder die Vertragsparteien repräsentieren oder in ihrer persönlichen Kapazität gewählt werden. Als Beispiele sind etwa die Komitees unter dem Montreal Protokoll oder dem Kyoto Protokoll zu nennen. Das Komitee unter dem Montreal Protokoll besteht aus zehn Vertragsstaaten,[12] während das Komitee unter dem Kyoto Protokoll aus zwanzig in ihrer persönlichen Kapazität gewählten Personen besteht.[13] Die Rechtseinhaltungsregime, die in den letzten Jahren errichtet wurden, sehen in der Regel die Mitgliedschaft von Einzelpersonen in ihrer persönlichen Kapazität vor. Damit wird die Unabhängigkeit der Komitees von den Mitgliedsparteien unterstrichen, da somit Weisungen an die Mitglieder der Komitees durch staatliche Institutionen ausgeschlossen werden.[14] Das Komitee unter dem Kyoto Protokoll weist eine weitere Besonderheit auf. Es werden nicht nur Mitglieder gewählt, sondern auch Stellvertreter („alternates"). Damit soll die Funktionsfähigkeit des Komitees auch dann gewährleistet sein, sollte ein Mitglied verhindert oder nicht in der Lage sein, seine Funktion wahrzunehmen.

---

11 Die unterschiedlichen Bezeichnungen haben historische Gründe. Aus der Bezeichnung kann nicht auf die Aufgabe des jeweiligen Komitees geschlossen werden.
12 Es werden je zwei Vertragsparteien aus den fünf Regionalgruppen der Vereinten Nationen gewählt.
13 Es werden auch zwanzig Stellvertreter gewählt. S. weiters dazu unten.
14 Die Unabhängigkeit der Mitglieder wird in diesen Fällen auch dadurch unterstrichen, dass sie einen Eid auf ihre Unabhängigkeit ablegen müssen. So ist dies etwa unter dem Rechtseinhaltungsregimes des Kyoto Protokolls und der Aarhus Konvention festgelegt.

II. Auslösung des Verfahrens

Die Auslösung des Verfahrens wird als „trigger" bezeichnet. Das erste Rechtseinhaltungsregime unter dem Montreal Protokoll sieht drei Möglichkeiten für die Auslösung des Verfahrens vor. Es kann ein Staat hinsichtlich seiner eigenen Schwierigkeiten, eine Vertragspartei betreffend die Schwierigkeiten einer anderen Vertragspartei und das Sekretariat das Verfahren vor dem Rechtseinhaltungskomitee auslösen.

Die unter anderen internationalen Umweltabkommen errichteten Rechtseinhaltungsregime sehen weitere Auslösungsmechanismen vor. Es lassen sich derzeit folgende Möglichkeiten unterscheiden, wie ein Verfahren ausgelöst werden kann:

- durch eine Vertragspartei hinsichtlich ihrer eigenen Erfüllungsschwierigkeiten;
- durch eine Vertragspartei hinsichtlich der Erfüllung des Verpflichtungen durch eine andere Vertragspartei;
- durch das Sekretariat des jeweiligen internationalen Umweltabkommens, wenn es durch die nationalen Berichte Schwierigkeiten in der Erfüllung der Verpflichtungen durch eine Vertragspartei erkennt oder vermutet;
- durch Mitglieder der Öffentlichkeit;
- durch das Komitee selbst; und
- durch andere Mittel.[15]

Während die beiden erstgenannten Möglichkeiten sich in allen Rechtseinhaltungsmechanismen finden, sind die drei letztgenannten nur in einigen vorgesehen. Obwohl die ersten angenommenen Mechanismen eine Einleitung eines Rechtseinhaltungsverfahrens aufgrund von Informationen, die vom Sekretariat an das Komitee herangetragen werden, vorsehen, ist in den letzten Jahren oftmals ein solcher „Secretariat-trigger" in den Verhandlungen von der Mehrzahl der Vertragsparteien abgelehnt worden (etwa unter dem Kyoto Protokoll oder dem Cartagena Protokoll). Als Begründung wurde genannt, dass durch einen „Secretariat-trigger" die Objektivität des Sekretariats in Frage gestellt würde. Vertragsparteien würden außerdem bei Schwierigkeiten in der Umsetzung und Erfüllung ihrer Verpflichtungen aus dem betreffenden internationalen Umweltabkommen nicht mehr die Hilfe des Sekretariats suchen, da sie fürchten müss-

---

15 Es ist jedoch festzuhalten, dass bei keinem bestehenden Rechtseinhaltungsregime alle aufgelisteten Möglichkeiten zur Verfügung stehen.

ten, dass das Sekretariat ein Verfahren gegen sie vor dem „Compliance Committee" veranlassen könnte.

Die Möglichkeit, dass Mitglieder der Öffentlichkeit ein Verfahren vor dem Komitee auslösen können, findet sich nur bei einigen im Rahmen der Wirtschaftskommission für Europa der Vereinten Nationen abgeschlossenen Abkommen betreffend die Umwelt. Erstmals wurde diese Möglichkeit im Rahmen der Aarhus Konvention vorgesehen.[16]

Der Möglichkeit, dass ein Verfahren durch „andere Mittel" ausgelöst werden kann, spielt insbesondere unter dem Kyoto Protokoll eine wichtige Rolle. Wenn die Berichte der „expert review teams" Fragen hinsichtlich der Implementierung der Verpflichtungen durch eine Annex I-Vertragspartei aufzeigen, dann hat das Rechtseinhaltungskomitee zu entscheiden, ob ein Verfahren eingeleitet wird.[17]

Die bisherige Praxis von Rechtseinhaltungsregimes zeigt, dass die überwiegende Zahl von Verfahren entweder von den Vertragsparteien selbst hinsichtlich ihrer eigenen Schwierigkeiten, durch vom Sekretariat an das Komitee weitergeleitete Informationen oder durch die Öffentlichkeit ausgelöst wurden.[18]

III. Konsequenzen

Hier stellt sich die Frage, welche Maßnahmen durch das Rechtseinhaltungskomitee gesetzt oder der Vertragsparteienkonferenz vorgeschlagen werden können, wenn eine Vertragspartei ihre Verpflichtungen nicht erfüllt. Allen bisher errichteten Rechtseinhaltungsregimes ist gemein, dass sie ein Spektrum von verschiedenen Maßnahmen vorsehen. Dabei liegt in erster Linie der Schwerpunkt auf sogenannten „soft measures" (sanften Maßnahmen), wie etwa Ratschlägen oder

---

16 Art. 15 der Aarhus Konvention lautet unter dem Titel „Überprüfung der Einhaltung der Bestimmungen des Übereinkommens": „Die Tagung der Vertragsparteien trifft durch Konsensentscheidung Regelungen über eine freiwillige, nichtstreitig angelegte, außergerichtliche und auf Konsultationen beruhende Überprüfung der Einhaltung der Bestimmung dieses Übereinkommens. Diese Regelungen lassen eine angemessene Einbeziehung der Öffentlichkeit zu und können die Möglichkeit beinhalten, Stellungnahmen von Mitgliedern der Öffentlichkeit zu Angelegenheiten im Zusammenhang mit diesem Übereinkommen zu prüfen."

17 S. zur Praxis des Rechtseinhaltungsregimes betreffend die Berichte der „Expert Review Teams": http://www.unfccc.org.

18 Dies wird insbesondere durch die Praxis unter dem Montreal Protokoll, der UNECE-Konvention über grenzüberschreitende weiträumige Luftverschmutzung und der Aarhus Konvention unterstrichen. Unter diesen drei Konventionen fanden bisher auch die meisten Verfahren betreffend Nichteinhaltung der vertraglichen Verpflichtungen statt.

Vorschlägen für etwaige Unterstützung durch andere Institutionen (z. B. Fonds, Finanzinstitutionen oder nationale Institutionen). Nur als letztes Mittel ist vorgesehen, dass spezifische Rechte und Privilegien der betroffenen Vertragspartei suspendiert werden.[19] Welche Maßnahmen vom Komitee ergriffen werden oder der Vertragsstaatenkonferenz vorgeschlagen werden, hängt von einer Reihe von Faktoren ab, wie etwa von der Ursache oder der Häufigkeit der Nichteinhaltung der Verpflichtungen durch eine Vertragspartei.[20] Allerdings lässt sich generell sagen, dass die Rechtseinhaltungsmechanismen bisher in der Praxis lediglich „soft measures" ergriffen oder vorgeschlagen haben.

IV. Wer trifft die Entscheidung?

Grundsätzlich ist es der Vertragsparteienkonferenz unter dem jeweiligen Umweltabkommen vorbehalten, Empfehlungen, die vom Komitee des entsprechenden Rechtseinhaltungsregimes gemacht wurden, anzunehmen. Nur unter bestimmten Voraussetzungen – aufgelistet in der Entscheidung, die das Regime errichtet – kann das Komitee in Zusammenarbeit oder mit der ausdrücklichen Zustimmung der betroffenen Vertragspartei Empfehlungen selbst aussprechen.[21] Unter dem Kyoto Protokoll wird die jeweilige Abteilung des Komitees ermächtigt, eine Empfehlung oder eine Entscheidung selbst zu beschließen.[22]

---

19 Vgl. etwa das Rechtseinhaltungsregime unter dem Montreal Protokoll. Es wurde eine „indicative list of consequences" festgelegt: „(a) appropriate assistance, including assistance for the collection and reporting of data, technical assistance, technology transfer and financial assistance, information transfer and training; (b) issuing caution; (c) suspension, in accordance with the applicable rules of international law concerning suspension of the operation of a treaty, of specific rights and privileges under the Protocol, whether or not subject to time limits, including those concerned with industrial rationalisation, production, consumption, trade, transfer of technology, financial mechanism and institutional arrangements" (UNEP/OzL./Pro4/5/15).
20 Vgl. dazu etwa Art. 18 Kyoto Protokolls zum Rahmenübereinkommen der Vereinten Nationen über Klimaänderungen. Dieser Artikel lautet wie folgt: „Die als Tagung der Vertragsparteien dieses Protokolls dienende Konferenz der Vertragsparteien genehmigt auf ihrer ersten Tagung geeignete und wirksame Verfahren und Mechanismen zur Feststellung und Behandlung von Fällen der Nichteinhaltung der Bestimmungen des Protokolls, unter anderem durch eine Zusammenstellung einer indikativen Liste der Folgen, wobei der Ursache, der Art, dem Grad und der Häufigkeit der Nichteinhaltung Rechnung getragen wird. […]"
21 Vgl. etwa das Rechtseinhaltungsregime unter der Basel Konvention, dem Cartagena Protokoll und der Aarhus Konvention.
22 Zu den Besonderheiten des Rechtseinhaltungsregimes unter dem Kyoto Protokoll s. unten.

V. Verhältnis von Rechtseinhaltungsregimes zu Streitbeilegungsmechanismen

Generell ist festzuhalten, dass alle – in den letzten Jahrzehnten angenommenen – internationalen Umweltabkommen Bestimmungen betreffend die Streitbeilegung beinhalten.[23] Als Mittel der Streitbeilegung werden Verhandlungen, Konsultationen, aber auch Vermittlungsverfahren genannt. Schiedsverfahren oder eine Zuständigkeit des IGH zur Streitbeilegung finden sich in „opt-out"-Bestimmungen der jeweiligen internationalen Umweltabkommen. Es stellt sich daher die Frage des Verhältnisses zwischen den Rechtseinhaltungsregimes und den Streitbeilegungsmechanismen. Bisher wurde in allen Umweltabkommen festgelegt, dass Rechtseinhaltungsmechanismen von den in den Abkommen vorgesehenen „Streitbeilegungsverfahren und -mechanismen getrennt [sind] und diese nicht berühren."[24] Ob wohl das Verhältnis im akademischen Bereich oftmals problematisiert wurde,[25] sind in der Praxis bisher keine Probleme entstanden. Dies mag damit zusammenhängen, dass jene internationalen Umweltabkommen, deren Rechtseinhaltungsregime bisher zahlreiche Fälle zu behandeln hatten, Umweltressourcen – etwa die Ozonschicht – betreffen, deren Schutz im allgemeinen Interesse liegt und in einem Verfahren nur schwer die Kausalität zwischen der Vertragsverletzung und einem Schaden hergestellt werden kann.

C. Das Rechtseinhaltungsregime unter dem Kyoto Protokoll

Das Rechtseinhaltungsregime, das unter dem Kyoto Protokoll geschaffen wurde, hat in einigen Bereichen Neuland betreten.[26] Erstmals wurde ein Komitee ge-

---

23 S. dazu z. B. Art. 14 des Rahmenübereinkommens der Vereinten Nationen über Klimaänderungen oder Art. 16 der Aarhus Konvention.
24 S. dazu Art. 34 zweiter Satz des Protokolls von Cartagena über die biologische Sicherheit zum Übereinkommen über die biologische Vielfalt (BGBl. III 94/2003). Ähnliche Bestimmungen finden sich auch in den Entscheidungen über die Errichtung von Rechtseinhaltungsregimes (z. B. die Entscheidung über die Errichtung des Rechtseinhaltungsregimes unter dem Montreal Protokoll oder die Entscheidung 27/CMP.1 zu Abschnitt XVI des Kyoto Rechtseinhaltungsregimes).
25 Z. B. *M. Koskenniemi*, Breach of Treaty or Non-Compliance? Reflections on the Enforcement of the Montreal Protocol, YbIEL 3, 1992, 123 ff.; *M. A. Fitzmaurice/C. Redgwell*, Environmental Non-Compliance Procedures and International Law, Netherlands Yearbook of International Law 2000, 35 ff.; *G. Loibl*, Environmental Law and Non-Compliance Procedures: Issues of State Responsibility, in: *D. Sarooshi/M. Fitzmaurice* (Hrsg.), Issues of State Responsibility before International Judicial Institutions, Oxford 2004, 201 ff.
26 Das Rechtseinhaltungsregime wurde mit Entscheidung 27/CMP.1 im Jahr 2005 errichtet. Der Annex zu dieser Entscheidung enthält unter dem Titel „Procedures and Mechanisms

schaffen, das aus zwei Abteilungen („branches") besteht, der „facilitative" und der „enforcement branch". Ingesamt besteht das Komitee aus zwanzig Mitgliedern und zwanzig Stellvertretern. Die Mitglieder werden *ad personam* gewählt.[27] Damit wird ihre Objektivität unterstrichen, da sie keine Weisungen von den Vertragsparteien bekommen dürfen. Je zehn Personen und zehn Stellvertreter werden für die „facilitative branch" sowie für die „enforcement branch" gewählt. Jede Abteilung ist wie folgt zusammengesetzt: je ein Vertreter aus den fünf Regionalgruppen der Vereinten Nationen; ein Vertreter der kleinen Inselstaaten der Karibik, des Indischen Ozeans und des Pazifischen Ozeans; zwei Vertreter von Annex I Vertragsparteien und zwei Vertreter von Nicht-Annex I-Vertragsparteien.[28] Entscheidungen sollen in beiden Abteilungen mit Konsens getroffen werden, bzw., wenn dies nicht möglich ist, mit einer Dreiviertelmehrheit der anwesenden und abstimmenden Mitglieder.[29] Somit muss jede Entscheidung nicht nur von Vertretern aus Nicht-Annex I-Vertragsparteien, sondern auch von Vertretern von Annex I-Vertragsparteien getragen werden. Damit soll sichergestellt werden, dass die Entscheidungen auf objektiven Kriterien basieren und von einer breiten Mehrheit der Mitglieder der jeweiligen Abteilung getragen werden.

Die beiden Abteilungen des Komitees haben verschiedene Zuständigkeiten. Die „enforcement branch" hat die Aufgabe, jene Bestimmungen des Kyoto Proto-

---

relating to Compliance under the Kyoto Protocol" die Bestimmungen über das Komitee und das Verfahren (s. FCCC/KP/CMP/2005/8/Add.3, 93 ff.). Verfahrensregeln für das Komitee und seine beiden Abteilungen wurden auf Vorschlag des Komitees im Jahr 2006 durch die Konferenz der Vertragsparteien als Tagung der Vertragsparteien des Kyoto Protokolls angenommen, Entscheidung 4/CMP.2; FCCC/KP/CMP/10/Add.1, 17 ff. Es ist aber festzuhalten, dass ein Vorschlag von Saudi-Arabien eingebracht wurde, das Rechtseinhaltungsregime durch eine Änderung des Kyoto Protokolls anzunehmen. Bisher wurde über diesen Vorschlag nicht entschieden. Er wirft eine Reihe von praktischen und rechtlichen Problemen auf (z. B. Verhältnis zwischen Vertragsparteien, die die Änderung ratifiziert haben und jenen Vertragsparteien, die dies nicht getan haben).

27 Auch die Mitglieder anderer Komitees von internationalen Umweltabkommen werden *ad personam* gewählt, z. B. unter dem Cartagena Protokoll über die biologische Sicherheit zum Übereinkommen über die biologische Vielfalt, BGBl. III 94/2003; Es gibt aber andere Komitees, die aus Vertretern von Vertragsstaaten bestehen (z. B. Montreal Protokoll). In den letzten Jahren wurde die Frage der Zusammensetzung von Komitees der Rechtseinhaltungsmechanismen sehr intensiv diskutiert und wurden die Vor- und Nachteile eingehend in den Verhandlungen erörtert. Insbesondere wird bei Staatenvertretern betont, dass dadurch die Involvierung aller Vertragsparteien unterstrichen, hingegen bei Mitgliedern, die *ad personam* gewählt werden, die Objektivität der Entscheidungen des Komitees gestärkt wird.

28 S. Abschnitt IV und V des Rechtseinhaltungsregimes.
29 S. Abschnitt II Abs. 9 des Rechtseinhaltungsregimes.

kolls zu behandeln, die ausschließlich von Annex I-Vertragsparteien zu erfüllen sind und die wichtigsten Bestimmungen für die Erreichung des Klimaschutzes darstellen. Diese Bestimmungen sind in der Entscheidung 27/CMP.1 *taxativ* aufgezählt und betreffen die Verpflichtungen zur Reduzierung oder Limitierung der Emissionen während der Verpflichtungsperiode 2008 bis 2012,[30] die Einhaltung der Berichtspflichten[31] und das Funktionieren der Mechanismen.[32]

Die „facilitative branch" ist für die Frage der Einhaltung aller anderen Bestimmungen des Kyoto Protokolls zuständig. Damit können vor dieser Abteilung sowohl Verfahren betreffend Annex I- als auch Nicht-Annex I-Vertragsparteien stattfinden.[33]

Weiters sind von den beiden Abteilungen unterschiedliche Verfahrensregeln anzuwenden. Während das Verfahren vor der „facilitative branch" nur sehr generell geregelt ist (z. B. Recht der betroffenen Partei, Informationen zu übermitteln und Stellungnahmen zu den Ergebnissen der Erörterungen und Entscheidungen abzugeben; Entscheidungen der Abteilungen sind zu begründen),[34] ist das Verfahren vor der „enforcement branch" hinsichtlich der verschiedenen Verfahrensabschnitte detaillierter geregelt (z. B. werden Fristen festgelegt, innerhalb derer die einzelnen Verfahrensschritte durchgeführt werden müssen). Darüber hinaus werden auch die Rechte des betroffenen Staates auf Anhörung und Stellungnahme detailliert festgelegt.[35] Weiters gibt es ein beschleunigtes Verfahren vor der „enforcement branch", wenn es um Fragen der Erfüllung der Voraussetzungen für die Verwendung der Mechanismen geht. Im Wesentlichen werden hier kürzere Fristen für die einzelnen Verfahrensabschnitte bestimmt, um das Funktionieren der Mechanismen sicherzustellen, aber auch um einen Ausschluss einer Annex I-Vertragspartei von den Mechanismen möglichst kurz zu halten.[36]

Auch hinsichtlich der Konsequenzen bestehen Unterschiede zwischen den Verfahren vor der „facilitative" und der „enforcement branch". Während die „facili-

---

30 Art. 3 Abs. 1 in Verbindung mit Annex B Kyoto Protokoll.
31 Art. 5 und 7 Kyoto Protokoll.
32 Art. 6, 12 und 17 Kyoto Protokoll.
33 Es ist allerdings anzumerken, dass Nicht-Annex I-Vertragsparteien keine Verpflichtungen unter dem Kyoto Protokoll haben. Es ist daher eine theoretische Möglichkeit, dass die „facilitative branch" mit Fragen betreffend die Nichterfüllung von Verpflichtungen durch Nicht-Annex I-Vertragsparteien konfrontiert werden wird.
34 S. Abschnitt VII des Rechtseinhaltungsregimes.
35 S. Abschnitt IX des Rechtseinhaltungsregimes.
36 S. Abschnitt X des Rechtseinhaltungsregimes.

tative branch" lediglich „soft measures" ergreifen kann (z. B. Ratschläge),[37] kann die „enforcement branch" weitergehende Maßnahmen gegen die betroffene Vertragspartei ergreifen. Wenn eine Vertragspartei nicht die Kriterien für die Teilnahme an den Mechanismen („eligibility criteria") erfüllt, wird ihre Teilnahme suspendiert. Im Falle der Nichterfüllung der Berichterstattungsverpflichtungen unter dem Kyoto Protokoll durch eine Annex I-Vertragspartei hat die „enforcement branch" eine Erklärung der „non-compliance" zu veröffentlichen und die betroffene Vertragspartei ist verpflichtet, einen Plan zu entwickeln, wie sie in Zukunft ihren Berichterstattungsverpflichtungen nachkommen wird. Für den Fall, dass eine Annex I-Vertragspartei ihre Verpflichtungen zur Reduzierung oder Limitierung der CO_2-Emissionen in der ersten Verpflichtungsperiode nicht erfüllt hat, wird die „enforcement branch" folgende Maßnahmen ergreifen: „(a) Deduction from the Party's assigned amount for the second commitment period of a number of tons equal 1.3 times the amount in tons of excess emission; (b) Development of a compliance action plan […]; and (c) Suspension of the eligibility to make transfers under Article 17 of the Protocol until the Party is reinstated […]."[38]

Eine Besonderheit des Rechtseinhaltungsregimes unter dem Kyoto Protokoll ist auch die Möglichkeit einer Berufung gegen Entscheidungen der „enforcement branch" über die Einhaltungen der Verpflichtungen unter Art. 3 Abs. 1 in Verbindung mit Annex B durch die betroffene Vertragspartei. Abschnitt XI bestimmt, dass eine Vertragspartei gegen eine solche Entscheidung innerhalb von 45 Tagen berufen kann, wenn sie glaubt, dass eine Verletzung von „due process" vorliegt. Damit wurde unter dem Kyoto Protokoll erstmals in einem Rechtseinhaltungsregime festgelegt, dass eine Berufung gegen eine Entscheidung des Komitees möglich ist. Allerdings entscheidet damit letztendlich nicht ein juristisches, sondern ein politisches Organ – die Konferenz der Vertragsparteien als Tagung der Vertragsparteien des Kyoto Protokolls.

Bis zum 31. 12. 2007 hatte das Komitee nur eine Mitteilung zu behandeln. Südafrika – als Vorsitzender der G77/China – hatte sich in einem Schreiben[39] an das Komitee gewandt, das zur weiteren Behandlung der „facilitative branch" zugewiesen wurde.[40] Das Schreiben betraf die nicht rechtzeitige Berichterstattung

---

37 S. Abschnitt XIV des Rechtseinhaltungsregimes.
38 S. Abschnitt XV des Rechtseinhaltungsregimes.
39 CC-2006-1-1/FB.
40 S. zu diesem Verfahren Facilitative Branch of the Compliance Committee, Report to the Compliance Committee on the Deliberations in the Facilitative Branch Relating to the Submissions Entitled "Compliance with Article 3.1 of the Kyoto Protocol", CC-2006-1/FB bis CC-2006-15/FB.

einiger Annex I-Vertragsparteien über Fortschritte hinsichtlich der Erfüllung ihrer Verpflichtungen aus dem Kyoto Protokoll bis zum 1. 1. 2006.[41] Es wurden in dem Schreiben keine Staaten namentlich genannt, sondern das Komitee aufgefordert „to provide advice and facilitation to parties in implementing the Kyoto Protocol, and for promoting compliance by Parties with their commitments under the Protocol."

In der „facilitative branch" konnte keine Mehrheit für eine Entscheidung gefunden werden, ob diese Mitteilung zu behandeln sei oder nicht. Weder der Vorschlag, die Mitteilung weiter in der „facilitative branch" zu erörtern, noch ein Entscheidungsvorschlag, dass eine Weiterbehandlung nicht erfolgen werde, fanden die notwendige Dreiviertelmehrheit. Damit ist keine weitere Erörterung dieser Mitteilung durch die „facilitative branch" möglich. Obwohl aus dem Bericht der Abteilung nicht ersichtlich ist, warum keine Entscheidung getroffen werden konnte, darf vermutet werden,[42] dass in der „facilitative branch" keine Mehrheit dafür gefunden werden könnte, ob neben den in Abschnitt VI des Rechtseinhaltungsregimes aufgezählten Auslösungsmöglichkeiten für ein Verfahren auch andere Möglichkeiten bestehen. Regionale Gruppen der Vereinten Nationen sind in Abschnitt VI nicht angeführt. Unter diesem Gesichtspunkt ist die Entscheidung der „facilitative branch", das Verfahren gegen jene Staaten, die verspätet, aber vor der Entscheidung der „facilitative branch" ihre nationalen Berichte übermittelt haben, nicht weiter zu diskutieren, aus rechtlicher Sicht nicht verständlich. In den jeweiligen Entscheidungen wird ausdrücklich die Vorlage des jeweiligen Berichts als Grund genannt.

D. Rechtseinhaltungsregime unter der Aarhus Konvention

Auch das Rechtseinhaltungsregime, das unter der Aarhus Konvention geschaffen wurde, enthält eine Reihe von spezifischen Charakteristika, die sich teilweise aus den Bestimmungen der Aarhus Konvention erklären lassen. Die Aarhus Konvention räumt – ähnlich wie Menschenrechtsabkommen – dem Einzelnen oder einer Gruppe von Individuen (etwa nichtstaatlichen Organisationen – „nongovernmental organisations"), bestimmte Rechte hinsichtlich des Zugangs zu Informationen betreffend die Umwelt, der Beteiligung am Entscheidungsprozess in Umweltangelegenheiten und der gerichtlichen oder verwaltungsverfahrens-

---

41 Art. 3 Abs. 2 des Kyoto Protokoll bestimmt wie folgt: „Jede in der Anlage angeführte Vertragspartei muss bis zum Jahr 2005 bei der Erfüllung ihrer Verpflichtungen aus diesem Protokoll nachweisbare Fortschritte erzielt haben". Mit Entscheidung 22/CMP.7 wurde festgelegt, dass Annex I-Parteien bis zum 1. 1. 2006 einen Bericht vorlegen, der nachweisbare Fortschritte gem. Art. 3 Abs. 2 aufzeigt.
42 CC/FB/3/2006/2.

rechtlichen Überprüfung ein. Daher ist es nicht erstaunlich, dass das Rechtseinhaltungsregime neben den traditionellen Verfahrensauslösern auch der Öffentlichkeit, d. h. einem Einzelnen oder einer Gruppe von Personen, dieses Recht einräumt. Wie die bisherige Praxis des Rechtseinhaltungsregimes der Aarhus Konvention zeigt, ist die überwiegende Zahl der Fälle bisher von Mitgliedern der Öffentlichkeit eingebracht worden. Bisher wurde nur in einem einzigen Fall ein Verfahren von einer Vertragspartei gegen eine andere Vertragspartei eingeleitet.[43]

Damit stellt sich aber auch im Rahmen der Rechtseinhaltungsregime erstmals eine neue Frage. In welchem Verhältnis steht das Regime der innerstaatlichen Rechtsschutzinstrumente zu internationalen Verfahrensbehelfen? Bisher wurde diese Problematik hinsichtlich des Verhältnisses zwischen innerstaatlichen Rechtsverfahren und internationalen gerichts- oder schiedsgerichtlichen Verfahren diskutiert.[44] Mit dem Rechtseinhaltungsregime unter der Aarhus Konvention stellt sich diese Problematik erstmals im Rahmen dieser neuen Verfahrensmöglichkeiten. Es ist nunmehr durch das Rechtseinhaltungskomitee zu beurteilen, ob Mitglieder der Öffentlichkeit ausreichend von den ihnen zur Verfügung stehenden innerstaatlichen Rechtsmitteln Gebrauch gemacht haben.[45] Das Rechtseinhaltungsregime der Aarhus Konvention bestimmt ausdrücklich Folgendes: „The Committee should at all relevant stages take into account any available domestic remedy unless the application of the remedy is unreasonably prolonged or obviously does not provide an effective and sufficient means of redress."[46]

E. Abschließende Bemerkungen

Obwohl in den letzten Jahren die Zahl der Rechtseinhaltungsregime unter internationalen Umweltabkommen stark gewachsen ist, wäre es verfrüht, eine abschließende Bewertung über ihre Effizienz und Effektivität abzugeben. Positive

---

43 Submission ACCC/S/2004/01 betreffend den Bau eines Schifffahrtskanals im ukrainischen Teil des Donaudeltas („Bystre deep-water navigation canal construction"). Rumänien machte Verletzungen der Aarhus Konvention als auch der Espoo Konvention durch die Ukraine vor dem jeweiligen Rechtseinhaltungskomitee, die unter den Konventionen errichtet worden waren, geltend.
44 S. dazu Art. 44 der „ILC Articles on State Responsiblity" und die Arbeiten der ILC über „Diplomatic Protection".
45 S. dazu näher *G. Loibl*, International Environmental Agreements – 'Compliance Mechanisms and Procedures at the Crossroads'?, in: *A. Reinisch/U. Kriebaum* (Hrsg.), The Law of International Relations – Liber Amicorum Hanspeter Neuhold, Utrecht 2007, 191 ff. Das Komitee unter der Aarhus Konvention hat sich mit dieser Frage in einer Reihe von Verfahren auseinandergesetzt.
46 Decision I/7, Annex, Abs. 21.

Erfahrungen wurden im Rahmen des Montreal Protokolls und der UNECE-Konvention über grenzüberschreitende weiträumige Luftverschmutzung gemacht. Unter diesen Konventionen haben die Rechtseinhaltungsregime ihr Ziel erreicht: Die Vertragsparteien unternehmen Anstrengungen, um ihre Verpflichtungen zu erfüllen. Obwohl in den wenigen Jahren seit dem Bestehen des Rechtseinhaltungsregimes unter der Aarhus Konvention zahlreiche Verfahren stattgefunden haben, bleibt abzuwarten, ob die Vertragsparteien den Entscheidungen des Komitees folgen werden. Das Rechtseinhaltungsregime unter dem Kyoto Protokoll hat bisher noch keine Verfahren durchgeführt, da die erste Verpflichtungsperiode erst mit dem 1. Jänner 2008 begonnen hat. Es bleibt daher abzuwarten, ob das Rechtseinhaltungsregime die in es gesetzten Erwartungen – insbesondere für das Funktionieren der Mechanismen – erfüllen wird.

Europäische Klimastrategie

*Gerhard Schnedl**

A. Einleitung

VN-Generalsekretär *Ban Ki-moon* hat in seiner Rede zur Eröffnung der 15. Ministerkonferenz der UN-Kommission für nachhaltige Entwicklung im Mai 2007 in New York den Klimaschutz als „die wichtigste Aufgabe unserer Generation" bezeichnet und von der Weltgemeinschaft „tiefgreifende und wirksame Maßnahmen" eingefordert.[1] Er hat die internationale Politik ferner zu einem raschen Handeln aufgefordert. Ein rasches Handeln ist auch unbedingt notwendig. Die Zeit für den Klimaschutz wird nämlich allmählich knapp. Der Menschheit bleiben nur noch acht Jahre, um eine Klimakatastrophe abzuwenden. Spätestens von 2015 an muss der weltweite Treibhausgasausstoß sinken, wenn die schlimmsten Folgen der Erderwärmung – für die der Mensch hauptverantwortlich zeichnet – verhindert werden sollen. Dies geht aus dem 3. Teil des 4. UN-Klimaberichts hervor, der vom „Weltklimarat" IPCC[2] am 4. 5. 2007 in Bangkok veröffentlicht wurde.[3] Um den im Klimabericht prognostizierten Temperaturanstieg um bis zu 6,4 Grad Celsius bis zum Ende des Jahrhunderts auf den beherrschbaren Bereich von 2,0 bis 2,4 Grad zu begrenzen, muss der immer noch steigende Treibhausgasausstoß dem Bericht zufolge ab 2015 jedoch nicht nur eingedämmt, sondern vielmehr drastisch reduziert werden. Die weltweiten Kohlendioxidemissionen müssten dem Klimabericht zufolge bis Mitte des Jahrhunderts um 50 bis 85 % sinken – verglichen mit den Werten vom Jahr 2000.[4] Die bislang erbrachten Reduktionsleistungen gleichen somit nicht mehr als dem berühmten „Tropfen auf den heißen Stein". Mit dem Erreichen der Kyoto-Zielperiode im Jahr 2012 ist das Thema CO_2 somit beileibe nicht abgehakt.

---

* Ass.-Prof. Mag. Dr. *Gerhard Schnedl* lehrt am Institut für Österreichisches, Europäisches und Vergleichendes Öffentliches Recht, Politikwissenschaft und Verwaltungslehre der Karl-Franzens-Universität Graz.
1 Vgl. *Bundesministerium für Umwelt, Naturschutz und Reaktorsicherheit*, Klimaschutz größte Menschheitsaufgabe des 21. Jahrhunderts, http://www.bmu.de/pressemitteilungen/ aktuelle_pressemitteilungen/pm/print/39330.php.
2 Intergovernmental Panel on Climate Change, www.ipcc.ch.
3 S. IPCC, Working Group III, Fourth Assessment Report, http://www.mnp.nl/ipcc/pages_ media/AR4-chapters.html.
4 Vgl dazu auch *T. Langkamp*, Menschheit bleiben nur wenige Jahre, Stern, 4. 5. 2007, http://www.stern.de/wissenschaft/natur/588377.html?nv=cb.

Die Europäische Union ist seit mehreren Jahren sowohl in ihrem Inneren als auch auf internationaler Ebene im Kampf gegen den Klimawandel aktiv. Mehr noch: Die EU ist auf internationaler Ebene „Vorreiter beim Klimaschutz", insbesondere wenn es darum geht, anspruchsvolle Emissionsziele festzulegen. Ohne die EU wäre das internationale Klimaschutzregime nämlich nicht auf der Basis quantitativer, verbindlicher Emissionsziele errichtet worden.[5]

Im Zentrum des internationalen Klimaschutzregimes steht das anlässlich der UN-Umweltschutzkonferenz von Rio de Janeiro am 9. 5. 1992 unterzeichnete und am 21. 3. 1994 in Kraft getretene Rahmenübereinkommen der Vereinten Nationen über Klimaänderungen.[6] Die Europäische Union ist als einzige zwischenstaatliche Organisation Vertragspartei der UN-Klimaschutzrahmenkonvention.[7] Die Konvention beinhaltet lediglich allgemeine Pflichten und Leitlinien, jedoch keine verbindlichen Reduktionsverpflichtungen für bestimmte Treibhausgase. Endziel der Klimarahmenkonvention ist gem. Art. 2, „die Stabilisierung der Treibhausgaskonzentrationen in der Atmosphäre auf einem Niveau zu erreichen, auf dem eine gefährliche anthropogene Störung des Klimasystems verhindert wird." Ein solches Niveau sollte gem. Art. 2 Satz 2 „innerhalb eines Zeitraums erreicht werden, der ausreicht, damit sich die Ökosysteme auf natürliche Weise den Klimaänderungen anpassen können, die Nahrungsmittelerzeugung nicht bedroht wird und die wirtschaftliche Entwicklung auf nachhaltige Weise fortgeführt werden kann."

Die notwendige Ergänzung und Konkretisierung der Klimarahmenkonvention erfolgte auf der dritten Vertragsstaatenkonferenz in Kyoto (COP 3). Das am 11. 12. 1997 verabschiedete und am 16. 2. 2005 in Kraft getretene Kyoto Protokoll[8] – neben ihren Mitgliedstaaten ist auch die Europäische Union Vertrags-

---

5 *A. Michaelowa*, Kann die EU ihre Vorreiterrolle in der internationalen Klimapolitik glaubhaft fortsetzen? in: *P. C. Müller-Graff/E. Pache/D. H. Scheuing* (Hrsg.), Die Europäische Gemeinschaft in der internationalen Umweltpolitik, Baden-Baden, 2006, 169. Vgl. auch http://europa.eu/scadplus/leg/de/s15012.htm.
6 BGBl. 1994/414 idF BGBl. III 1999/12. Ausführlich zur Klimarahmenkonvention vgl. etwa *U. Beyerlin*, Umweltvölkerrecht, München 2000, § 13 Rz 361 ff.; *A. Epiney/M. Scheyli*, Umweltvölkerrecht, Bern 2000, 229 ff.; *B. Bail/S. Marr/S. Oberthür*, Klimaschutz und Recht, in: *H. W. Rengeling* (Hrsg.), Handbuch zum europäischen und deutschen Umweltrecht, 2. Auflage, Köln 2003, Bd. II/1, § 54 Rz 6 ff.; *M. Kloepfer*, Umweltrecht, 3. Auflage, München 2004, § 17 Rz 50 ff.
7 Vgl. *Kloepfer* (FN 6), § 17 Rz 22.
8 Protokoll von Kyoto zum Rahmenübereinkommen der Vereinten Nationen über Klimaänderungen, BGBl. III 2005/89. Ausführlich dazu vgl. etwa *Beyerlin* (FN 6), § 13 Rz 367 ff.; *Epiney/Scheyli* (FN 6), 246 ff.; *Bail/Marr/Oberthür* in *Rengeling* (Hrsg.) (FN 6), § 54 Rz 32 ff.; *Kloepfer* (FN 6), § 17 Rz 62 ff.; *B. Pflüglmayer*, Vom Kyoto-Pro-

partner des Protokolls – ist der bislang größte Erfolg der internationalen Staatengemeinschaft im Bemühen um eine globale Reduzierung der Treibhausgasemissionen, normiert es doch erstmals quantifizierte Reduktionspflichten für die sechs wichtigsten Treibhausgase.[9] Die Industriestaaten des Anhangs I der Klimaschutzrahmenkonvention verpflichten sich im Protokoll, ihre Treibhausgasemissionen im Zeitraum von 2008 bis 2012 um mindestens 5 % unter das Niveau von 1990 zu senken.[10] In Anlage B des Protokolls werden den Industriestaaten im Hinblick auf die Verwirklichung des Gesamtziels des Protokolls unterschiedliche quantitative Reduktionsverpflichtungen auferlegt. Die EU und ihre ehemals 15 Mitgliedstaaten haben sich darin zu einer gemeinsamen Reduktion ihrer Treibhausgasemissionen um 8 % verpflichtet.[11] Nach einer internen Lastenteilungsvereinbarung („burden sharing agreement"),[12] in der die ökonomische Entwicklung der Mitgliedstaaten berücksichtigt wurde, trifft Österreich eine Reduktionsverpflichtung von 13 %. Deutschland hat sich zu einer Reduzierung seiner Treibhausgasemissionen um 21 % verpflichtet.[13]

Das Kyoto Protokoll bzw. die darin eingegangenen Reduktionsverpflichtungen sind gleichsam der Hintergrund der Europäischen Klimastrategie, d. h. der EU-internen Maßnahmen im Bereich des Klimaschutzes. Mit dem Auslaufen des Kyoto Protokolls im Jahr 2012 beginnt allerdings eine neue Ära für den internationalen Klimaschutz. Auf der zwölften Vertragsstaatenkonferenz zur Klimarahmenkonferenz in Nairobi 2006 (COP 12) konnte sich die internationale Staatengemeinschaft in einem „Mini-Kompromiss" darauf einigen, die Umsetzung des Kyoto Protokolls bis 2008 genau zu beobachten und auf dieser Grundlage

---

tokoll zum Emissionshandel. Entwicklung und ausgewählte Rechtsfragen, Linz 2004, 14 ff.
9 Es sind dies gem. Anlage A des Protokolls Kohlendioxid (CO_2), Methan (CH_4), Distickstoffoxid (N_2O), wasserstoffhaltige Fluorkohlenwasserstoffe (H-FKW/HFC), perfluorierte Kohlenwasserstoffe (FKW/PFC) und Schwefelhexafluorid (SF_6).
10 Vgl. Art. 3 Abs. 1 Kyoto Protokoll. Die EU ist im Vorfeld der Kyoto-Konferenz für ein Emissionsziel von minus 10 % eingetreten.
11 Die EU und ihre Mitgliedstaaten haben das Kyoto Protokoll als Emissionsgemeinschaft nach Art. 4 des Protokolls ratifiziert.
12 Entscheidung 2002/358/EG des Rates vom 25. 4. 2002 über die Genehmigung des Protokolls von Kyoto zum Rahmenübereinkommen der Vereinten Nationen über Klimaänderungen im Namen der Europäischen Gemeinschaft sowie die gemeinsame Erfüllung der daraus erwachsenen Verpflichtungen, ABl. 2002 L 130, 1 vom 15. 5. 2002, berichtigt ABl. 2002 L 176, 47 vom 5. 7. 2002.
13 Vgl. Anhang II der Entscheidung 2002/358/EG.

neue Emissionsquoten für die Zeit nach 2012 festzulegen.[14] Auch im sog. Kyoto-Folgeprozess hat die EU bereits deutlich die politische Führungsrolle übernommen.[15] So hat die Gemeinschaft zu Beginn des Jahres 2007 eine Klimastrategie für die Zeit nach 2012 beschlossen. Im Folgenden sollen zunächst die Klimastrategien und Maßnahmen zur Umsetzung des Kyoto Protokolls und sodann die Klimastrategie für die Zeit nach 2012 (sog. „Post-Kyoto-Periode") erörtert werden.

B. Strategien und Maßnahmen der EU im Bereich des Klimaschutzes

I. Strategien und Maßnahmen zur Umsetzung des Kyoto Protokolls

1. Allgemeines

Um ihre Verpflichtungen aus dem Kyoto Protokoll zu erfüllen, entwickelte die EU im Jahr 1998 eine „Strategie nach Kyoto".[16] Die Klimaschutzstrategie bestand darin, möglichst bald eine Reihe prioritärer Maßnahmen in den Sektoren Industrie, Verkehr und Energiewirtschaft – dies sind die Hauptverursacher des Klimawandels – zu realisieren.

Nachdem die EU sehr schnell festgestellt hatte, dass die auf der Grundlage ihrer „Strategie nach Kyoto" begonnenen prioritären Maßnahmen alleine nicht ausreichen, das im Kyoto Protokoll übernommene Reduktionsziel zu erreichen, richtete die Kommission im Jahr 2000 ein Europäisches Programm zur Klimaänderung (ECCP – European Climate Change Programme) ein.[17] Das Programm schlägt zur Erreichung der im Kyoto Protokoll niedergelegten Minderungsziele eine Klimastrategie vor, die auf einem zweigleisigen Konzept aufbaut. Zum einen soll eine Vielzahl gezielter Politiken und Maßnahmen zur Reduzierung der Emissionen aus spezifischen Quellen (Energieversorgung, Industrie, Verkehr) durchgeführt werden. Zum anderen soll ein EU-internes System für den Emissi-

---

14 Zur UN-Klimaschutzkonferenz von Nairobi s. etwa *Fischer*, Kioto: ein Stück voran, Umweltschutz Hefte 12/2006, 34 bzw. Klimagipfel endet mit Mini-Kompromiss, http://www.spiegel.de/wissenschaft/natur/0,1518,druck-449165,00.html.
15 So *Bail/Marr/Oberthür* in: *Rengeling* (Hrsg.) (FN 6), § 54 Rz 88.
16 Mitteilung der Kommission an den Rat und das Europäische Parlament: Klimaänderungen – Zu einer EU-Strategie nach Kyoto", KOM (1998) 353 endg. vom 3. 6. 1998.
17 Mitteilung der Kommission an den Rat und das Europäische Parlament über politische Konzepte und Maßnahmen der EU zur Verringerung der Treibhausgasemissionen: zu einem Europäischen Programm zur Klimaänderung (ECCP), KOM (2000) 88 endg. vom 8. 3. 2000. Vgl. ferner die Mitteilung der Kommission über die Durchführung der ersten Phase des Europäischen Programms zur Klimaänderung (ECCP), KOM (2001) 580 endg. vom 23. 10. 2001.

onshandel in den Bereichen Energie und industrielle Großanlagen eingeführt werden.[18]

Auf Basis des Europäischen Klimaschutzprogramms 2000 hat die EU eine Reihe klimaschutzrelevanter Maßnahmen zur Begrenzung der Treibhausgasemissionen und damit zur Umsetzung des Kyoto Protokolls erlassen. Die Maßnahmen lassen sich in vier Bereiche unterteilen: Energiewirtschaft, Verkehr, Emissionshandel sowie Verbote und Verwendungsbeschränkungen. Sektorenübergreifend schuf die EU ein System zur Überwachung der Treibhausgasemissionen in der Gemeinschaft.[19] Das System soll die Freisetzung von Treibhausgasemissionen beobachten und die Einhaltung der von der EU im Rahmen des Kyoto Protokolls übernommenen Verpflichtungen überprüfbar machen.[20] Zu diesem Zweck haben sowohl die Kommission als auch die Mitgliedstaaten Klimaschutzprogramme auszuarbeiten und durchzuführen.[21]

---

18 Näher zur Klimaschutzstrategie sowie zum ECCP vgl. *Bail/Marr/Oberthür* in *Rengeling* (Hrsg.) (FN 6), § 54 Rz 100 sowie *M. Elspas/U. Sommer/L. Kons*, Emissionshandel, in *K.-P. Horstmann/M. Cieslarczyk* (Hrsg.), Energiehandel, Köln u. a. 2006, 715 (721 f).
19 Entscheidung 280/2004/EG des Europäischen Parlaments und des Rates vom 11. 2. 2004 über ein System zur Überwachung der Treibhausgasemissionen in der Gemeinschaft und zur Umsetzung des Kyoto Protokolls, ABl. 2004 L 49, 1 vom 19. 2. 2004.
20 Vgl. dazu den Bericht der Kommission: Fortschritte bei der Umsetzung der Ziele von Kyoto (gem. der Entscheidung 280/2004/EG des Europäischen Parlaments und des Rates über ein System zur Überwachung der Treibhausgasemissionen in der Gemeinschaft und zur Umsetzung des Kyoto Protokolls), KOM (2006) 658 endg. vom 27. 10. 2006. Dem Bericht zufolge waren die Treibhausgasemissionen der EU-15-Mitgliedstaaten im Jahr 2004 um 0,9 % niedriger als im Basisjahr 1990, was einer Differenz von 7,1 % zum Kyoto-Ziel entspricht. Nach dem neuesten Fortschrittsbericht (Mitteilung der Kommission über Fortschritte bei der Umsetzung der Ziele von Kyoto, KOM (2007) 757 endg. vom 27. 11. 2007) lagen die Treibhausgasemissionen der EU-15 im Jahr 2005 um 2,0 % unter denen des Basisjahres. Beide Kommissionsberichte gehen allerdings davon aus, dass die Gemeinschaft ihr Kyoto-Ziel erreichen kann, sofern die Mitgliedstaaten baldmöglichst ihre zusätzlichen politischen Konzepte und Maßnahmen einführen und anwenden. Im Vergleich dazu sind in Österreich die Emissionen auf einem Niveau von 18,1 % über (!) dem Niveau von 1990, was einer Differenz von 31,1 % zum Kyoto-Ziel (−13 %) entspricht. Näher dazu vgl. etwa http://www.co2-handel.de/print_5880.html
21 Vgl. dazu auch *K. Bratrschovsky/Z. Chojnacka*, Luftreinhaltung und Klimaschutz, in *N. Raschauer/W. Wessely* (Hrsg.), Handbuch Umweltrecht, Wien 2006, 471 (492).

2. Strategien und Maßnahmen im Energiebereich

Die Klimaschutzstrategie der EU im Bereich Energiewirtschaft[22] steht im Zeichen der verstärkten Nutzung erneuerbarer Energieträger sowie der Förderung größerer Energieeffizienz.[23] Durch die dadurch bewirkte Energieeinsparung soll der Energieverbrauch gesenkt und damit CO_2-Emissionen reduziert werden. Die EU hat im Energiebereich mehrere klimaschutzrelevanter Maßnahmen erlassen, die im Folgenden kurz dargestellt werden sollen.

Zu erwähnen ist zunächst die Richtlinie 2001/77/EG des Europäischen Parlaments und des Rates vom 27. 9. 2001 zur Förderung der Stromerzeugung aus erneuerbaren Energiequellen im Elektrizitätsbinnenmarkt.[24] Die sog. Ökostrom-RL[25] soll die rechtliche Grundlage dafür schaffen, bis zum Jahr 2010 den Anteil erneuerbarer Energiequellen[26] am Bruttoinlandsenergieverbrauch der gesamten Gemeinschaft auf 12 % und den Anteil am Gesamtstromverbrauch auf 22,1 % zu erhöhen.[27] Neben diesem Gesamtziel der Gemeinschaft sind in der Richtlinie nationale Richtziele für den Verbrauch von Strom aus erneuerbaren Energiequellen vorgesehen.[28]

Anzuführen ist auch die Richtlinie 2003/96/EG des Rates vom 27. 10. 2003 zur Restrukturierung der gemeinschaftlichen Rahmenvorschriften zur Besteuerung von Energieerzeugnissen und elektrischem Strom.[29] Die sog. Energiesteuer-

---

22 S. dazu etwa folgende Kommissionsmitteilungen: Mitteilung der Kommission an den Rat, das Europäische Parlament, den Wirtschafts- und Sozialausschuss und den Ausschuss der Regionen: Aktionsplan zur Verbesserung der Energieeffizienz in der Europäischen Gemeinschaft, KOM (2000) 247 endg. vom 26. 4. 2000 sowie Mitteilung der Kommission: Aktionsplan für Biomasse, KOM (2005) 628 endg. vom 7. 12. 2005.
23 Vgl. etwa *Bail/Marr/Oberthür* in *Rengeling* (Hrsg.) (FN 6), § 54 Rz 101 ff. sowie *Bratschovsky/Chojnacka* in *Raschauer/Wessely* (Hrsg.) (FN 21), 492.
24 ABl. 2001 L 283, 33 vom 27. 10. 2001.
25 Näher dazu vgl. etwa *Bail/Marr/Oberthür* in *Rengeling* (H rsg.) (FN 6), § 54 Rz 104; *Pflüglmayer* (FN 8), 60 ff.; *A. Hauer*, Wozu ist Österreich durch die Ökostromrichtlinie verpflichtet? in *Steinmüller* (Hrsg.), Ökostrom in Österreich, Linz 2004, 17; *V. Oschmann/ F. Sösemann*, Erneuerbare Energien im deutschen und europäischen Recht – ein Überblick, ZUR 2007, 1 (3); *P. Draxler*, E-Recht – Der österreichische Weg, Wien 2007, 265 ff.
26 Wind, Sonne, Erdwärme, Wasserkraft, Biomasse etc.
27 Vgl. Art. 3 Abs. 4 Ökostrom-RL.
28 Vgl. Art. 3 Abs. 2 iVm dem Anhang der Ökostrom-RL. Für Österreich wurde für das Jahr 2010 ein nationales Richtziel für Strom aus erneuerbaren Energiequellen von 78,1 % festgelegt.
29 ABl. 2003 L 283, 51 vom 31. 10. 2003, zuletzt idF RL 2004/75/EG des Rates vom 29. 4. 2004, ABl. 2004 L 157, 100 vom 30. 4. 2004.

RL[30] legt Mindeststeuersätze für Energieerzeugnisse, die als Kraft- oder Heizstoff verwendet werden (z. B. Mineralöle, Kohle, Erdgas etc.), sowie für elektrischen Strom fest.[31] Um die umweltpolitischen Ziele des Kyoto Protokolls zu erreichen, fördert die Richtlinie Formen einer effizienten Energienutzung. So können die Mitgliedstaaten Steuerbefreiungen oder Steuerermäßigungen für Biokraftstoffe sowie für erneuerbare Energieträger gewähren.[32] Die Energiesteuer-RL nimmt somit Einfluss sowohl auf den Energieverbrauch als auch auf die Wahl des Energieträgers.[33]

Hinzuweisen ist ferner auf die Richtlinie 2004/8/EG des Europäischen Parlaments und des Rates vom 11. 2. 2004 über die Förderung einer am Nutzwärmebedarf orientierten Kraft-Wärme-Kopplung (KWK) im Energiebinnenmarkt.[34] Die sog. Kraft-Wärme-Kopplungs-RL[35] fördert den Einsatz hocheffizienter KWK-Anlagen zur Energieerzeugung mit dem Zweck, die Energieeffizienz zu erhöhen und die Versorgungssicherheit zu verbessern.[36] Kraft-Wärme-Kopplung ist die gleichzeitige Erzeugung thermischer Energie und elektrischer und/oder mechanischer Energie in einem Prozess,[37] es kann somit in einem einzigen Vorgang Strom und Nutzwärme erzeugt werden. Auf diese Weise können Energieeinsparungen erzielt und dadurch CO_2-Emissionen verringert werden. Die konkrete Umsetzung der Förderung von KWK-Anlagen bleibt den einzelnen Mitgliedstaaten überlassen.[38] Berechnungen zufolge könnte ein verstärkter Einsatz der Kraft-Wärme-Kopplung die CO_2-Emissionen in der EU bis 2010 um 127 Millionen Tonnen und bis 2020 um 258 Millionen Tonnen senken.[39]

Zu erwähnen ist schließlich die Richtlinie 2006/32/EG des Europäischen Parlaments und des Rates vom 5. 4. 2006 über die Endenergieeffizienz und Energiedienstleistungen und zur Aufhebung der Richtlinie 93/76/EWG des Rates.[40] Die

---

30 Näher dazu vgl. etwa *Bail/Marr/Oberthür* in *Rengeling* (Hrsg.) (FN 6), § 54 Rz 106 bzw. *Pflügmayer* (FN 8), 58.
31 S. Art. 7 ff. iVm Anhang 1 Energiesteuer-RL.
32 Im Detail s. Art. 15 Energiesteuer-RL.
33 So *Bratrschovsky/Chojnacka* in *Raschauer/Wessely* (Hrsg.) (FN 21), 494.
34 ABl. 2004 L 52, 50 vom 21. 2. 2004, berichtigt ABl. 2004 L 192, 34 vom 29. 5. 2004.
35 Näher dazu vgl. etwa *Bail/Marr/Oberthür* in *Rengeling* (Hrsg.) (FN 6), § 54 Rz 102 bzw. *Pflügmayer* (FN 8), 56 f.
36 Vgl. Art. 1 Kraft-Wärme-Kopplungs-RL.
37 Vgl. Art. 3 lit. a Kraft-Wärme-Kopplungs-RL.
38 Zur entsprechenden Ausgestaltung in Österreich durch § 12 Ökostromgesetz (BGBl. I 2002/149, zuletzt idF BGBl. I 2007/10) s. *Draxler* (FN 25), 321 ff.
39 Vgl. http://europa.eu/scadplus/leg/de/lvb/l27021.htm.
40 ABl. 2006 L 114, 64 vom 27. 4. 2006.

bis 17. 5. 2008 innerstaatlich umzusetzende Endenergieeffizienz-RL[41] zielt darauf ab, die Effizienz der Endenergienutzung in den Mitgliedstaaten zu steigern, und zwar durch Festlegung erforderlicher Richtziele sowie durch Schaffung eines Marktes für Energiedienstleistungen und Bereitstellung von Energieeffizienzmaßnahmen für Endverbraucher.[42] Die Richtlinie gibt den Mitgliedstaaten einen Energieeinsparungswert von 9 % innerhalb von neun Jahren (2008–2016) als anzustrebenden Zielwert und damit eine Energieeffizienzsteigerung von jährlich 1 % vor.[43] Bis spätestens 30. 6. 2007 musste jeder Mitgliedstaat der Kommission einen ersten Energieeffizienz-Aktionsplan übermitteln, in dem die nationalen Einsparungsziele zu benennen sind.[44] Berechnungen zufolge könnte die EU bei einer Steigerung der Energieeffizienz von jährlich 1 % bis zu 50 % des im Kyoto Protokoll zugesagten CO_2-Minderungsziels erreichen.[45]

Lediglich hinweisen möchte ich auf zwei weitere klimaschutzrelevante Richtlinien im Energiebereich, und zwar auf die Richtlinie 2002/91/EG des Europäischen Parlaments und des Rates vom 16. 12. 2002 über die Gesamtenergieeffizienz von Gebäuden[46] und auf die Richtlinie 2005/32/EG des Europäischen Parlaments und des Rates vom 6. 7. 2005 zur Schaffung eines Rahmens für die Festlegung von Anforderungen an die umweltgerechte Gestaltung energiebetriebener Produkte und zur Änderung der Richtlinie 92/42/EWG des Rates sowie der Richtlinien 96/57/EG und 2000/55/EG des Europäischen Parlaments und des Rates.[47]

---

41 Näher dazu vgl. etwa *Bratrschovsky/Chojnacka* in *Raschauer/Wessely* (Hrsg.) (FN 21), 494 sowie *M. Reisinger*, Die geplante Energieeffizienzrichtlinie und ihre Umsetzung, in *A. Hauer* (Hrsg.), Aktuelle Fragen des Energierechts 2005/2006, Linz 2006, 141 ff.
42 Vgl. Art. 1 Endenergieeffizienz-RL.
43 Vgl. Art. 4 Endenergieeffizienz-RL.
44 Vgl. Art. 14 Endenergieeffizienz-RL.
45 Vgl. Deutscher Bundestag, Wissenschaftliche Dienste Nr. 21/06 (30. 3. 2006).
46 ABl. 2003 L 1, 65 vom 4. 1. 2003. Ziel der Gebäudeenergieeffizienz-RL ist es, die Verbesserung der Gesamtenergieeffizienz von Gebäuden in der Gemeinschaft unter Berücksichtigung der jeweiligen äußeren klimatischen und lokalen Bedingungen sowie der Anforderungen an das Innenraumklima und der Kostenwirksamkeit zu unterstützen (Art. 1). Näher dazu vgl. etwa *Pflüglmayer* (FN 8), 59.
47 ABl. 2005 L 191, 29 vom 22. 7. 2005 idF RL 2008/28/EG des Europäischen Parlaments und des Rates vom 11. 3. 2008, ABl. 2008 L 81, 48 vom 20. 3. 2008. Die sog Öko-Design-RL Energiebetriebene Produkte schafft einen Rahmen für die Festlegung gemeinschaftlicher Ökodesign-Anforderungen für energiebetriebene Produkte (Art. 1). Dem Verbraucher sind Angaben zur Umweltverträglichkeit und Energieeffizienz eines Produktes sichtbar auf dem Produkt selbst bereitzustellen. Näher dazu vgl. insb. *Bratrschovsky/Chojnacka* in *Raschauer/Wessely* (Hrsg.) (FN 21), 494 sowie *H. Lustermann*, Klimaschutz durch integrierte Produktpolitik – die neue EuP-Richtlinie, NVwZ 2007, 895.

3. Strategien und Maßnahmen im Verkehrsbereich

Eine wesentliche und in nächster Zeit noch an Bedeutung zunehmende Quelle der CO_2-Emissionen ist der Verkehr. Dennoch hat die EU in sämtlichen Strategien zur Bekämpfung des Klimawandels den Verkehrsbereich nicht ins Zentrum der Klimadebatte gestellt. Entsprechende Maßnahmen existieren bislang überhaupt nur im Bereich des Kraftfahrzeugverkehrs (Straßenverkehrs). Die Klimastrategie der EU im Bereich Kraftfahrzeugverkehr steht im Zeichen der CO_2-Emissionsbegrenzung von Fahrzeugen sowie der Biokraftstoffförderung.[48]

Im Bereich CO_2-Emissionsbegrenzung von Kraftfahrzeugen hat die EU im Jahr 1995 eine Strategie zur Minderung der CO_2-Emissionen von Personenkraftwagen und zur Senkung des durchschnittlichen Kraftstoffverbrauchs erarbeitet.[49] Die Gemeinschaft setzt sich darin zum Ziel, den CO_2-Ausstoß neuer Personenkraftwagen von 186 Gramm pro Kilometer (g/km) im Jahr 1995 bis 2012 auf 120 g/km zu reduzieren. Zur Umsetzung dieses Ziels baut die EU vorrangig auf Selbstverpflichtungen der Automobilindustrie. So hat sie 1998 eine freiwillige Vereinbarung mit dem Dachverband der europäischen Automobilindustrie (ACEA) getroffen, die CO_2-Emissionen von in der EU neu verkauften Personenkraftwagen bis 2008 auf durchschnittlich 140 g/km zu senken.[50] Japanische und koreanische Autohersteller haben sich zu einer ähnlichen Verbindlichkeit bis 2009 verpflichtet.[51] Darüber hinaus hat die Kommission im Jahr 1998 ein Gemeinschaftskonzept betreffend Verkehr und CO_2 erstellt.[52] Die Thematik

---

48 Näher dazu vgl. etwa *Bail/Marr/Oberthür* in *Rengeling* (Hrsg.) (FN 6), § 54 Rz 107 ff. sowie *Bratrschovsky/Chojnacka* in *Raschauer/Wessely* (Hrsg.) (FN 21), 493.

49 Mitteilung der Kommission an den Rat und das Europäische Parlament: Eine Strategie der Gemeinschaft zur Minderung der CO_2-Emissionen von Personenkraftwagen und zur Senkung des durchschnittlichen Kraftstoffverbrauchs, KOM (1995) 689 endg. vom 20. 12. 1995.

50 Mitteilung der Kommission an den Rat und das Europäische Parlament: Umsetzung der Strategie der Gemeinschaft zur Minderung der CO_2-Emissionen von Personenkraftwagen: Eine Umweltvereinbarung mit der europäischen Automobilindustrie, KOM (1998) 495 endg. vom 29. 7. 1998.

51 Mitteilung der Kommission an den Rat und das Europäische Parlament: Umsetzung der Gemeinschaftsstrategie zur Verminderung der CO_2-Emissionen von Kraftfahrzeugen: Ergebnis der Verhandlungen mit den japanischen und koreanischen Automobilindustrien, KOM (1999) 446 endg. vom 14. 9. 1999.

52 Mitteilung der Kommission an den Rat, das Europäische Parlament, den Wirtschafts- und Sozialausschuss und den Ausschuss der Regionen über Verkehr und CO_2: Entwicklung eines Gemeinschaftskonzepts, KOM (1998) 204 endg. vom 31. 3. 1998.

Klimaschutz im Verkehr ist schließlich auch Gegenstand des Weißbuchs „Die Europäische Verkehrspolitik bis 2010: Weichenstellungen für die Zukunft".[53] Ein weiterer Eckpfeiler zur CO_2-Emissionsbegrenzung von Kraftfahrzeugen ist die Information der Verbraucher betreffend Kraftstoffverbrauch und CO_2-Ausstoß von Personenkraftwagen. Hinzuweisen ist in diesem Zusammenhang auf die Richtlinie 1999/94/EG des Europäischen Parlaments und des Rates vom 13. 12. 1999 über die Bereitstellung von Verbraucherinformationen über Kraftstoffverbrauch und CO_2-Emissionen beim Marketing für neue Personenkraftwagen.[54] Ziel der Kraftstoffverbrauchsinformations-RL[55] ist es, den Verbrauchern Informationen über den Kraftstoffverbrauch und die CO_2-Emissionen von neuen Personenkraftwagen, die zum Kauf oder Leasing angeboten werden, zu gewähren, damit diese ihre Entscheidung in voller Sachkenntnis treffen können.[56] Mit der genannten Richtlinie soll die Nachfrage nach umweltschonenden Fahrzeugen auf dem Markt erhöht werden. Im Zusammenhang mit der RL 1999/94/EG hat die Gemeinschaft im Jahr 2000 ein System zur Überwachung der durchschnittlichen spezifischen CO_2-Emissionen neuer Personenkraftwagen errichtet.[57]

Im Bereich Biokraftstoffförderung ist die Richtlinie 2003/30/EG des Europäischen Parlaments und des Rates vom 8. 5. 2003 zur Förderung der Verwendung von Biokraftstoffen oder anderen erneuerbaren Kraftstoffen im Verkehrssektor zu erwähnen.[58] Die Biokraftstoff-RL[59] legt fest, dass die Mitgliedstaaten mithilfe nationaler Richtwerte sicherstellen sollten, dass ein Mindestanteil an Biokraftstoffen[60] und anderen erneuerbaren Kraftstoffen auf ihrer Märkten in Verkehr gebracht wird.[61] Als Zielvorgabe wird ein Anteil von 2 % aller Otto- und Dieselkraftstoffe für den Verkehrssektor bis Ende 2005 bzw. von 5,75 % bis Ende

---

53 KOM (2001) 370 endg. vom 12. 9. 2001.
54 ABl. 2000 L 12, 16 vom 18. 1. 2000, zuletzt idF Verordnung (EG) 1882/2003 des Europäischen Parlaments und des Rates vom 29. 9. 2003, ABl. 2003 L 284, 1 vom 31. 10. 2003.
55 Näher dazu vgl. etwa *J. Hoffmann*, Klimaschutz durch Produktkennzeichnung? An den Beispielen Pkw und Strom, UPR 2007, 58 (59).
56 Vgl. Art. 1.
57 Entscheidung 1753/2000 des Europäischen Parlaments und des Rates vom 22. 6. 2000, ABl. 2000 L 202, 1 vom 10. 8. 2000.
58 ABl. 2003 L 123, 42 vom 17. 5. 2003.
59 Näher dazu vgl. etwa *Pflüglmayer* (FN 8), 58 f sowie *Bratrschovsky/Chojnacka* in: Raschauer/Wessely (Hrsg.) (FN 21), 493.
60 Es sind dies gem. Art. 2 Abs. 1 lit. a und b der Richtlinie flüssige oder gasförmige Verkehrskraftstoffe, die aus Biomasse – d. h. aus den biologischen abbaubaren Erzeugnissen, Abfällen und Rückständen, die u. a. aus der Land- und Forstwirtschaft stammen – hergestellt werden.
61 Vgl. Art. 3 Biokraftstoff-RL.

2010 genannt. Niedrigere Zielvorgaben müssen von den Mitgliedstaaten anhand objektiver Kriterien begründet werden.[62] Nachdem der in der Biokraftstoff-RL für 2005 vorgegebene Biokraftstoffanteil von 2 % nicht erreicht wurde,[63] hat die EU im Jahr 2006 eine Strategie für Biokraftstoffe erlassen.[64] Die Kommission legt darin dar, welche Rolle Biokraftstoffe künftig als erneuerbare Energiequelle und Alternative zu fossilen Energiequellen im Verkehrsbereich spielen könnten. Auch werden Maßnahmen zur Förderung der Erzeugung und Verwendung von Biokraftstoffen vorgeschlagen.[65]

4. Emissionshandel

Der Emissionshandel kann als das Flaggschiff der europäischen Klimapolitik angesehen werden.[66] Rechtsgrundlage für den am 1. 1. 2005 begonnenen europaweiten Emissionshandel auf Unternehmensebene ist die Richtlinie 2003/87/EG des Europäischen Parlaments und des Rates vom 13. 10. 2003 über ein System für den Handel mit Treibhausgasemissionszertifikaten in der Gemeinschaft.[67] Die Änderungsrichtlinie 2004/101/EG des Europäischen Parlaments und des Rates vom 27. 10. 2004[68] verbindet das EU-Emissionshandelssystem mit den projektbezogenen Mechanismen des Kyoto Protokolls, und zwar mit dem Joint Implementation (JI)[69] und dem Clean Development Mechanism

---

62 Näher dazu s. Art. 4 Biokraftstoff-RL.
63 Vgl. dazu u. a. die Mitteilung der Kommission an den Rat und das Europäische Parlament: Fortschrittsbericht Biokraftstoffe. Bericht über die Fortschritte bei der Verwendung von Biokraftstoffen und anderen erneuerbaren Kraftstoffen in den Mitgliedstaaten der Europäischen Union, KOM (2006) 845 endg. vom 10. 1. 2007.
64 Mitteilung der Kommission: Eine EU-Strategie für Biokraftstoffe, KOM (2006) 34 endg. vom 8. 2. 2006.
65 Vgl. auch *EU*, Eine EU-Strategie für Biokraftstoffe, http://europa.eu/scadplus/leg/de/lvb/l28175.htm.
66 So *S. Schwarzer*, Kommentar zum Emissionszertifikategesetz, Wien 2005, Einführung, Rz 11.
67 ABl. 2003 L 275, 32 vom 25. 10. 2003. S. dazu auch die Verordnung (EG) 2216/2004 der Kommission vom 21. 12. 2004 über ein standardisiertes und sicheres Registrierungssystem gem. der Richtlinie 2003/87/EG des Europäischen Parlaments und des Rates sowie der Entscheidung 280/2004/EG des Europäischen Parlaments und des Rates, ABl. 2004 L 386, 1 vom 29. 12. 2004, zuletzt idF Verordnung (EG) 916/2007 der Kommission vom 31. 7. 2007, ABl. 2007 L 200, 5 vom 1. 8. 2007.
68 ABl. 2004 L 338, 18 vom 13. 11. 2004.
69 Nach der Joint Implementation (Gemeinsame Umsetzung) führt ein Industriestaat Maßnahmen zur Emissionsreduktion von Treibhausgasen in anderen Industrieländern (Länder, die selbst ein Kyoto-Ziel zu erfüllen haben) durch und erwirbt dadurch Emissionsgutschriften, die auf die eigenen Verpflichtungen angerechnet werden können. Näher dazu vgl. Art. 6 Kyoto Protokoll.

(CDM).[70] Mit der Emissionshandels-RL[71] hat die EU ein Umweltschutzinstrument geschaffen, mit dem Treibhausgasemissionen möglichst kosteneffizient verringert werden können. Dies soll mithilfe eines grundsätzlich marktwirtschaftlich orientierten Instruments, und zwar dem europaweiten Handel mit Emissionsberechtigungen, erreicht werden. Das System weist den Handelsteilnehmern vor Beginn einer bestimmten Handelsperiode[72] Emissionszertifikate für bestimmte Treibhausgase[73] zu.[74] Die Gesamtmenge der maximal zulässigen Emissionen muss sich an den im Kyoto Protokoll übernommenen Verpflichtungen orientieren. Emittiert ein Handelsteilnehmer Treibhausgase (CO_2) über die zugeteilte Menge hinaus, kann bzw. muss er auf dem Emissionshandelsmarkt zusätzliche Emissionszertifikate erwerben. Umgekehrt können vom Zertifikatsinhaber die nicht zur Abdeckung seiner Treibhausgasemissionen benötigten Zertifikate am Markt verkauft werden. Vom Anwendungsbereich der Emissionshandels-RL erfasst sind große industrielle Emittenten in der Energie- und Wärmeerzeugung sowie in ausgewählten energieintensiven Industriesektoren (z. B.

---

70 Nach dem Clean Development Mechanism (Mechanismus für umweltverträgliche Entwicklung) führt ein Industriestaat Maßnahmen zur Emissionsreduktion von Treibhausgasen in Entwicklungsländern (Länder, die kein Kyoto-Ziel zu erfüllen haben) durch und erwirbt dadurch ebenfalls Emissionsgutschriften, die auf die eigenen Verpflichtungen angerechnet werden können. Näher dazu vgl. Art. 12 Kyoto Protokoll.

71 Näher dazu vgl. etwa *Pflüglmayer* (FN 8), 102 ff.; *M. Niederhuber*, Emissionshandel: EU-Richtlinie und nationaler Entwurf eines Emissionszertifikategesetzes, RdU 2004, 4; *C. Kreuter-Kirchhof*, Die europäische Emissionshandelsrichtlinie und ihre Umsetzung in Deutschland, EuZW 2004, 711; *L. Knopp/J. Hoffmann*, Das Europäische Emissionsrechtehandelssystem im Kontext der projektbezogenen Mechanismen des Kyoto Protokolls, EuZW 2005, 616; *A. Epiney*, Umweltrecht in der Europäischen Union, 2. Auflage, Berlin und München, 2005, 323 ff.; *Bratrschovsky/Chojnacka* in: *Raschauer/Wessely* (Hrsg.) (FN 21), 492; *W. Seidel/Y. Kerth*, Umsetzungsprobleme internationaler Umweltschutzkonventionen: Das Beispiel des Kyoto Protokolls – Emissionshandel als Instrument internationaler, europäischer und staatlicher Umweltpolitik, in: *Müller-Graff/Pache/Scheuing* (Hrsg.) (FN 6), 149 (155 ff.); *G. Holley*, Emissionszertifikate an der Schnittstelle zwischen Gemeinschaftsrecht und Verfassungsrecht, JAP 2006/2007, 142 (143); *A. W. Wimmer*, Handel mit Emissionszertifikaten: Internationale Rechtsgrundlagen und ihre Umsetzung in Österreich, ZfV 2007, 1107 (1111 ff.). Umfassend zum Emissionshandel s. *M. Elspas/P. Salje/C. Stewing* (Hrsg.), Emissionshandel, Köln 2006.

72 Die erste Handelsperiode erfasste den Zeitraum von 2005 bis 2007, die zweite Phase deckt sich zeitlich mit dem ersten Verpflichtungszeitraum nach dem Kyoto Protokoll und erstreckt sich folglich von 2008 – 2012. Näher dazu vgl. Art. 11 Emissionshandels-RL.

73 Der Anwendungsbereich der Emissionshandels-RL ist derzeit ausschließlich auf die Emissionen von Kohlendioxid (CO_2) begrenzt. Näher dazu vgl. Art. 2 iVm Anhang 1. Noch nicht vom System erfasst sind die im Anhang II der RL angeführten Treibhausgase.

74 Ein Emissionszertifikat berechtigt zur Freisetzung einer Tonne Kohlendioxidäquivalent in die Atmosphäre. Näher dazu vgl. Art. 3 lit a Emissionshandels-RL.

Erdölraffinerien, Verbrennungsanlagen, Eisen- und Stahlwerke, Anlagen der Papierindustrie).[75]

5. Verbote und Verwendungsbeschränkungen

Zur Verringerung der Treibhausgasemissionen hat die EU in letzter Zeit bestimmte Treibhausgase verboten bzw. deren Verwendung eingeschränkt. Zu erwähnen ist diesbezüglich die Verordnung (EG) 842/2006 des Europäischen Parlaments und des Rates vom 17. 5. 2006 über bestimmte fluorierte Treibhausgase.[76] Ziel der seit 4. 7. 2007 vollständig in Geltung stehenden fluorierten Treibhausgase-VO ist die Verringerung der Emissionen bestimmter vom Kyoto Protokoll erfasster fluorierter Treibhausgase.[77] Erfasst sind teilfluorierte Kohlenwasserstoffe (HFKW), perfluorierte Kohlenwasserstoffe (FKW) und Schwefelhexafluorid (SF_6).[78] Die Verordnung regelt u. a. die Reduzierung der Emissionen und Verwendung dieser Gase sowie die Kennzeichnung und die Entsorgung von Erzeugnissen und Einrichtungen, die diese Gase enthalten. Sie enthält ferner Verwendungsbeschränkungen sowie Verbote für das Inverkehrbringen bestimmter Erzeugnisse.

Die Verordnung (EG) 842/2006 wird durch die Richtlinie 2006/40/EG des Europäischen Parlaments und des Rates vom 17. 5. 2006 über Emissionen aus Klimaanlagen in Kraftfahrzeugen und zur Änderung der Richtlinie 70/156/EWG des Rates[79] ergänzt. In der bis 4. 1. 2008 innerstaatlich umzusetzenden Kraftfahrzeugklimaanlagen-RL werden die Anforderungen für die EG-Typengenehmigung für Kraftfahrzeuge im Hinblick auf Emissionen aus in Kraftfahrzeugen eingebauten Klimaanlagen und das sichere Funktionieren dieser Klimaanlagen festgelegt.[80] Vorgesehen ist ein schrittweises Verbot von fluorierten Treibhaus-

---

75 Näher zum Geltungsbereich s. Art. 2 iVm Anhang 1.
76 ABl. 2006 L 161, 1 vom 14. 6. 2006.
77 Vgl. Art. 1 iVm Anhang 1 bzw. Art. 15.
78 HFKW werden vor allem als Kühlmittel, Lösungsmittel und als Treibmittel für Schaumstoff eingesetzt. FKW werden bei der Halbleiterherstellung und als Lösungsmittel verwendet. SF_6 wird in Hochspannungseinrichtungen und bei der Magnesiumproduktion eingesetzt. Näher dazu sowie zur Verordnung insgesamt vgl. http://europa.eu/scadplus/leg/de/lvb/l28138.htm bzw. http://www.umweltbundesamt.de/uba-info-presse/2006/pdf/pd06-040.pdf.
79 ABl. 2006 L 161, 12 vom 14. 6. 2006.
80 Vgl. Art. 1 bzw. 10.

gasen, die ein Treibhauspotential von über 150 besitzen.[81] Das Verbot gilt ab 2011 für alle neuen Kraftfahrzeugmodelle und ab 2017 für alle Kraftfahrzeuge.[82]

II. Die Klimastrategie für die Zeit nach 2012

1. Allgemeines

Die Vorbereitungen der EU auf den Klimaschutz nach 2012 laufen nahezu auf Hochtouren. So hat die Kommission bereits im Februar 2005 eine Strategie für eine erfolgreiche Bekämpfung der globalen Klimaänderung[83] vorgelegt, die Schlüsselelemente für die künftige EU-Klimastrategie nach 2012 enthält und auch den Standpunkt der EU in künftigen internationalen Verhandlungen darlegt. Die EU strebt dabei eine Begrenzung des durchschnittlichen globalen Temperaturanstiegs auf 2 Grad Celsius über vorindustriellen Werten an. Die Strategie legt allerdings keine genauen Reduktionsziele für Treibhausgasemissionen für die Zeit nach 2012 fest. Für das im Jahr 2000 eingerichtete Europäische Programm zur Klimaänderung (ECCP)[84] wird vorgeschlagen, in einer neuen Phase die bisherigen Fortschritte zu bewerten und neue Maßnahmen zu erwägen.[85]

Im Oktober 2005 startete die Kommission die zweite Phase des Europäischen Programms zur Klimaänderung (ECCP II).[86] Es bildet den Rahmen für künftige Klimaschutzmaßnahmen der EU, ausgerichtet auf die Zeit nach 2012. Das neue Programm soll laut Kommission noch stärker auf Innovationen und saubere Technologien ausgerichtet sein. In die Bemühungen zur Reduzierung der Treibhausgasemissionen sollen künftig alle emissionsverursachenden Sektoren einge-

---

81 Es sind dies vor allem Emissionen des teilfluorierten Kohlenwasserstoffs 134a (HFKW-134a), der ein Treibhausgaspotential von 1300 besitzt. Vgl. dazu den 3. Erwägungsgrund der Präambel zur Richtlinie 2006/40/EG.
82 Näher dazu vgl. auch Verordnung (EG) 842/2006 des Europäischen Parlaments und des Rates vom 17. 5. 2006 über bestimmte fluorierte Treibhausgase, ABl. L 161 vom 14. 6. 2006, 1 bzw. Umweltbundesamt, Presse-Information Nr. 40/2006, Europa pro Klimaschutz: Ausstoß fluorierter Treibhausgase begrenzt, http://www.umweltbundesamt.de/uba-info-presse/2006/pdf/pd06-040.pdf.
83 Mitteilung der Kommission an den Rat, an das Europäische Parlament, an den Europäischen Wirtschafts- und Sozialausschuss und an den Ausschuss der Regionen: Strategie für eine erfolgreiche Bekämpfung der globalen Klimaänderung, KOM (2005) 35 endg. vom 9. 2. 2005.
84 Näher dazu vgl. bereits Kapitel B. I. 1.
85 Näher dazu vgl. insb. *Michaelowa* in *Müller-Graff/Pache/Scheuing* (FN 6), 179 ff.
86 Vgl. European Climate Change Programme, http://ec.europa.eu/environment/climat/eccp. htm.

bunden werden. Auch das EU-Emissionshandelssystem soll weiterhin eines der zentralen Instrumente zur Verringerung des Treibhausgasausstoßes sein.[87]

Im Jänner 2007 hat die Kommission schließlich eine umfassende Klimastrategie für die Zeit nach 2012 vorgelegt, die im Februar 2007 vom Rat der EU-Umweltminister angenommen wurde[88] und schließlich beim Gipfeltreffen des Europäischen Rates am 8./9. 3. 2007 die volle Zustimmung der Staats- und Regierungschefs fand.[89] Die entsprechende Kommissionsmitteilung mit dem Titel „Begrenzung des globalen Klimawandels auf 2 Grad Celsius. Der Weg in die Zukunft bis 2020 und darüber hinaus"[90] enthält ein Konzept für eine integrierte Klima- und Energiepolitik, gestützt auf einen eigens verabschiedeten Aktionsplan zur Energiepolitik,[91] sowie konkrete Emissionsreduktionsziele. Im Mittelpunkt der Klimastrategie steht die Forderung, den Anstieg der globalen Durchschnittstemperatur auf weniger als 2 Grad Celsius über dem vorindustriellen Niveau zu begrenzen, was laut Europäischem Rat unbedingt erreicht werden muss. Damit dieses Ziel erreicht werden kann, werden in der Kommissionsmitteilung Optionen für realistische und wirksame Maßnahmen auf EU- und internationaler Ebene genannt. Auf dem zuvor genannten EU-Gipfel im März 2007 wurden vom Europäischen Rat diesbezüglich mehrere bedeutsame Beschlüsse gefasst,[92] auf die nunmehr näher einzugehen ist.

2. Emissionsreduktionsziele

In Bezug auf die Festlegung von Emissionsreduktionszielen billigte der Europäische Rat das Ziel der EU, „die Treibhausgasemissionen bis 2020 gegenüber

---

87 S. *EurActiv*, Technologie im Mittelpunkt des zweiten EU-Klimaprogramms, http://www.euractiv.com/de/nachhaltige-entwicklung/technologie-mittelpunkt-zweiten-eu-klimaprogramms/article-146350.
88 Vgl. die 2785. Tagung des Rates Umwelt, Brüssel, 20. 2. 2007, Mitteilung an die Presse 6272/07 (Presse 25).
89 Vgl. die Schlussfolgerungen des Vorsitzes des Europäischen Rates (Brüssel), 8./9. 3. 2007, 7224/1/07 REV 1.
90 Vgl. KOM (2007) 2 endg. vom 10. 1. 2007.
91 Mitteilung der Kommission an den Europäischen Rat und das Europäische Parlament: Eine Energiepolitik für Europa, KOM (2007) 1 endg. vom 10. 1. 2007.
92 Vgl. dazu auch *W. Brenner/B. Ennser/Ch. Mandl/A. Steinsberg*, Regierungschefs beschließen ambitionierte Ziele. Der Europäische Rat vom 8.–9. 3. 2007 aus klima- und energiepolitischer Sicht, Umweltschutz der Wirtschaft H2/2007, 6 f sowie jüngst *C. Müller*, Klimaschutz als Aufgabe der europäischen und internationalen Staatengemeinschaft, in: *Institut für Umweltrecht der JKU Linz/Österreichischer Wasser- und Abfallwirtschaftsverband* (Hrsg.), Jahrbuch des österreichischen und europäischen Umweltrechts 2008, Wien 2008, 89 (93 f).

1990 um 30 % zu reduzieren und auf diese Weise zu einer globalen und umfassenden Vereinbarung für die Zeit nach 2012 beizutragen, sofern sich andere Industrieländer zu vergleichbaren Emissionsreduzierungen und die wirtschaftlich weiter fortgeschrittenen Entwicklungsländer zu einem ihren Verantwortlichkeiten und jeweiligen Fähigkeiten angemessenen Beitrag verpflichten." Der Blick der entwickelten Länder sollte dabei auch auf das Ziel gerichtet sein, ihre Emissionen bis 2050 gemeinsam um 60 bis 80 % gegenüber 1990 zu verringern. Ferner beschloss der Europäische Rat, „dass die EU bis zum Abschluss einer globalen und umfassenden Vereinbarung für die Zeit nach 2012 und unbeschadet ihrer internationalen Verhandlungsposition die feste und unabhängige Verpflichtung eingeht, die Treibhausgasemissionen bis 2020 um mindestens 20 % gegenüber 1990 zu reduzieren." Hinsichtlich der Beiträge der einzelnen Mitgliedstaaten (interne Lastenverteilung) beschloss der Europäische Rat einen differenzierten Ansatz, „der von Fairness und Transparenz geprägt ist und den nationalen Gegebenheiten sowie den relevanten Basisjahren des ersten Verpflichtungszeitraums des Kyoto-Protokolls Rechnung trägt."

3. Energiepolitik

Im Bereich Energiepolitik nahm der Europäische Rat den von der Kommission vorgelegten Aktionsplan zur Energiepolitik, mit dem Ziele betreffend Energieeffizienz, erneuerbare Energien und Biokraftstoffe festgelegt werden, an. Zum Ersten soll durch Reduzierung des Energieverbrauchs die Energieeffizienz in der EU bis zum Jahr 2020 um 20 % verbessert werden. Zu berücksichtigen ist dabei der von der Kommission 2006 verabschiedete Aktionsplan für Energieeffizienz.[93] Zum Zweiten wird ein verbindliches Ziel in Höhe von 20 % für den Anteil erneuerbarer Energien am Gesamtenergieverbrauch der EU bis 2020 festgelegt.[94] Zu beachten ist dabei ein von der Kommission 2007 vorgelegter „Fahrplan für erneuerbare Energien".[95] Vom Gesamtziel für erneuerbare Energien sollten unter gebührender Berücksichtigung einer fairen und angemessenen Aufteilung („burden sharing") differenzierte nationale Gesamtziele abgeleitet wer-

---

93 Mitteilung der Kommission: Aktionsplan für Energieeffizienz: Das Potential ausschöpfen, KOM (2006) 545 endg. vom 19. 10. 2006.
94 Im Jahr 1997 – vgl. dazu die Mitteilung der Kommission: Energie für die Zukunft: erneuerbare Energieträger. Weißbuch für eine Gemeinschaftsstrategie und Aktionsplan, KOM (1997) 599 endg. vom 26. 11. 1997 – gab sich die EU als Ziel vor, dass der Anteil erneuerbarer Energien am EU-Gesamtenergieverbrauch im Jahr 2012 insgesamt 12 % betragen soll, ein Ziel, das nach neusten Prognosen nicht erreicht werden wird.
95 Mitteilung der Kommission an den Rat und das Europäische Parlament: Fahrplan für erneuerbare Energien. Erneuerbare Energien im 21. Jahrhundert: Größere Nachhaltigkeit in der Zukunft, KOM (2006) 848 endg. vom 10. 1. 2007.

den. Die Anrechnung von Atomstrom als erneuerbare Energiequelle wurde vom Europäischen Rat abgelehnt, auch wenn Atomkraftwerke im laufenden Betrieb relativ wenig CO_2 produzieren.[96] Er bestätigte jedoch, „dass es Sache jedes einzelnen Mitgliedstaats ist, zu entscheiden, ob er Kernenergie einsetzt." Als dritter Punkt wird schließlich ein verbindliches Mindestziel in Höhe von 10 % für den Anteil von Biokraftstoffen am gesamten verkehrsbedingten Benzin- und Dieselverbrauch in der EU bis 2020, das von allen Mitgliedstaaten erreicht werden muss, fixiert.[97] Zu diesem Zweck forderte der Europäische Rat eine umfassende und rasche Umsetzung der im Aktionsplan für Biomasse aus 2005 festgelegten Maßnahmen.[98]

4. Emissionshandelssystem

Im Blickfeld der Klimapolitik des Europäischen Rates vom März 2007 stand ferner das Emissionshandelssystem der EU. Der EU-Rat bestätigte die zentrale Rolle des Emissionshandels bei der langfristigen Strategie der EU zur Verringerung der Treibhausgasemissionen. Er forderte in der Folge die Kommission auf, „das Emissionshandelssystem der EU mit Blick auf mehr Transparenz und eine Stärkung und Erweiterung des Systems rechtzeitig zu überprüfen und dabei eine mögliche Ausdehnung seines Anwendungsbereichs auf Landnutzung, Landnutzungsänderung und Forstwirtschaft sowie auf den Land- und Schiffsverkehr in Betracht zu ziehen."[99]

5. Verkehrspolitik

Der Europäische Rat bestätigte beim Gipfeltreffen im März 2007 ferner, dass es für eine wirksame Klimapolitik auch einer effizienten, sicheren und nachhaltigen europäischen Verkehrspolitik bedarf. Ohne konkrete Maßnahmen zu nennen, sollte das europäische Verkehrssystem seiner Meinung nach umweltverträglicher gestaltet werden. Konkrete Maßnahmen zur Eindämmung der Emissionen aus dem Verkehr enthält indessen die vom Jänner 2007 stammende Klimastrategie der Kommission. Die entsprechenden Maßnahmen beziehen sich so-

---

96 Vgl. dazu *Deutscher Naturschutzring/EU-Koordination*, Energiepolitik, http://www.eu-koordination.de/index.php?page=27.
97 Die Biokraftstoff-RL 2003/30/EG sieht als unverbindliche Zielvorgabe einen Anteil von 5,75 % bis 2010 vor. Auch dieses Ziel wird Prognosen zufolge nicht erreicht werden.
98 Mitteilung der Kommission: Aktionsplan für Biomasse, KOM (2005) 628 endg. vom 7. 12. 2005.
99 Schlussfolgerungen des Vorsitzes des Europäischen Rates (FN 89).

wohl auf den Kraftfahrzeugverkehr als auch auf den bislang ausgeklammerten Luftverkehr.[100]

Im letztgenannten Bereich forderte die Kommission in ihrer Klimastrategie den Rat und das Parlament auf, ihren im Dezember 2006 eingebrachten Vorschlag zur Einbeziehung des Luftverkehrs in das EU-Emissionshandelssystem[101] zwecks Verringerung der Treibhausgasemissionen im Flugverkehr anzunehmen.[102] Die geplante Richtlinie – sie stützt sich auf eine 2005 angenommene Kommissionsmitteilung zum Thema „Luftverkehr und Klimawandel"[103] – verpflichtet die Mitgliedstaaten, den nationalen und den internationalen Flugverkehr in das Emissionshandelssystem nach der RL 2003/87/EG zu integrieren. Ab 2011 sollten die Emissionen von Flügen zwischen den Flughäfen der Gemeinschaft (innergemeinschaftliche Flüge) in das Emissionshandelssystem einbezogen werden. Ab 2012 sollen die Emissionen aller Flugzeuge, die an Gemeinschaftsflughäfen starten oder landen – somit auch Flüge zwischen EU-Staaten und Nicht-EU-Staaten – erfasst werden. Die Initiative der Kommission ist klimapolitisch ein wichtiger Schritt nach vorne, gerade weil der internationale Flugverkehr nicht im Kyoto Protokoll erfasst ist und globale Regelungen somit fehlen.[104] Mit der vorgeschlagenen Einbeziehung des Flugverkehrs in den Emissionshandel ist die vielfach geforderte EU-weite Besteuerung von Flugtreibstoff in den Hintergrund getreten.[105] Diesbezüglich ist auf absehbare Zeit

---

100 Ibid.
101 Vorschlag für eine Richtlinie des Europäischen Parlaments und des Rates zur Änderung der Richtlinie 2003/87/EG zwecks Einbeziehung des Luftverkehrs in das System für den Handel mit Treibhausgasemissionszertifikaten in der Gemeinschaft, KOM (2006) 818 endg. vom 20. 12. 2006.
102 Daneben plant die EU, auch den Schiffsverkehr in das Europäische Emissionshandelssystem einzubeziehen. Ein entsprechender Richtlinienvorschlag – gestützt u. a. auf die Mitteilung der Kommission an das Europäische Parlament und den Rat: Eine Strategie der Europäischen Union zur Reduzierung atmosphärischer Emissionen von Seeschiffen, KOM (2002) 595 endg. Band I vom 20. 11. 2002 – ist bei der Kommission in Ausarbeitung. Vgl. *Deutscher Naturschutzring/EU-Koordination*, Emissionen, http://www.eu-ko ordination.de/ index.php?page=33.
103 Mitteilung der Kommission an den Rat, an das Europäische Parlament, an den Europäischen Wirtschafts- und Sozialausschuss und an den Ausschuss der Regionen: Verringerung der Klimaauswirkungen des Luftverkehrs, KOM (2005) 459 endg. vom 27. 9. 2005.
104 Zur Kollision der geplanten Richtlinie mit dem Völkerrecht s. *J. H. Klement*, Kollisionen von Sekundärrecht der Europäischen Gemeinschaft und Völkerrecht. Eine Studie am Beispiel der geplanten Emissionshandelsrichtlinie für den Luftverkehr, DVBl 2007, 1007.
105 Eine Kerosinsteuer ist derzeit nur für Inlandsflüge möglich. So gestattet Art. 14 Abs. 2 der Energiesteuer-RL 2003/96/EG (vgl. dazu bereits Kapitel II. A. 2.) den Mitgliedstaaten, Kerosin, das zur Verwendung als Kraftstoff für die Luftfahrt auf innerstaatlichen

keine europäische Einigung zu erwarten, zumal sich unlängst auch Umweltkommissar *Dimas* gegen eine EU-weite Kerosinsteuer ausgesprochen hat.[106] Als Alternative zur Kerosinsteuer wird vielfach auch über einen Klimaschutzbeitrag für Flugtickets (sog. Flugticketabgabe) nachgedacht.[107]

Im Bereich Kraftfahrzeugverkehr forderte die Kommission den Rat und das Parlament auf, ihren im Juli 2005 eingebrachten Vorschlag zur Einführung eines neuen Systems zur Besteuerung von Personenkraftwagen[108] anzunehmen. Der Richtlinienvorschlag, der sich auf eine Kommissionsmitteilung aus 2002 stützt,[109] regelt die Berechnung von Steuern auf Personenkraftwagen auf der Grundlage der Kohlendioxid-Emissionen.[110] Bis zum 1. 12. 2008 sollen 25 % und bis zum 31. 12. 2010 50 % des gesamten Aufkommens an Zulassungs- und jährlicher Kraftfahrzeugsteuer auf der jeweiligen CO_2-Komponente dieser Steuer beruhen.[111]

In der Klimastrategie der Kommission vom Jänner 2007 wird weiters die Verringerung der CO_2-Emissionen von Kraftfahrzeugen gefordert, vor allem im

---

Flügen geliefert wird, zu besteuern. Treibstoff für Inlandsflüge wird in der EU bisher nur in den Niederlanden besteuert. Schwierig bis unmöglich gestaltet sich die Besteuerung des für internationale Flüge (auch zwischen den EU-Mitgliedstaaten) verbrauchten Treibstoffs, und zwar auf Grund rechtlicher Verpflichtungen der Mitgliedstaaten gegenüber Drittstaaten im Rahmen internationaler Luftverkehrsabkommen. Eine Besteuerung des verbrauchten Treibstoffs unabhängig von der Herkunft der Luftverkehrsgesellschaft wäre nur möglich, wenn eine große Zahl der genannten Luftverkehrsabkommen neu ausgehandelt würde. Dieser Prozess wurde zwar schon eingeleitet, erfordert allerdings viel Zeit. Näher zur Besteuerung von Flugtreibstoff vgl. insb. *E. Pache/J. Bielitz*, Rechtliche Rahmenbedingungen einer Kerosinbesteuerung auf innerstaatlichen Flügen, ZUR 2005, 297; *E. Pache*, Handlungsspielräume und Verpflichtungskonflikte im Spannungsfeld zwischen internationalen Abkommen und Gemeinschaftsrecht: das Beispiel Kerosinsteuer, in *Müller-Graff/Pache/Scheuing* (Hrsg.) (FN 6), 117; *Klement* (FN 104), 1007 ff. S. ferner die Mitteilung der Kommission: Verringerung der Klimaauswirkungen des Luftverkehrs, KOM (2005) 459 endg. vom 27. 9. 2005, 7 bzw. *Bund – Freunde der Erde*, Kerosinsteuer einführen!, http://www.bund.net/bundnet/themen_und_projekte/verkehr/luftverkehr/kerosinsteuer.

106 Vgl. *Ö1*, Kommissar Dimas gegen Kerosinsteuer, http://oe1.orf.at/inforadio/73971.html.
107 Vgl. *Bund – Freunde der Erde* (FN 105).
108 Vorschlag für eine Richtlinie des Rates über die Besteuerung von Personenkraftwagen, KOM (2005) 261 endg. vom 5. 7. 2005.
109 Mitteilung der Kommission an den Rat und das Europäische Parlament: Besteuerung von Personenkraftwagen in der Europäischen Union – Handlungsmöglichkeiten auf nationaler und gemeinschaftlicher Ebene, KOM (2002) 431 endg. vom 6. 9. 2002.
110 Vgl. Art. 1 RL-Vorschlag.
111 Vgl. Art. 5 RL-Vorschlag. S. ferner http://europa.eu/scadplus/leg/de/lvb/l31004.htm.

Hinblick auf die Erreichung des in einer Gemeinschaftsstrategie aus 1995 festgelegten unverbindlichen Emissionsziels von 120 g CO_2/km bis 2012.[112] Da die Automobilhersteller die 1995 festgelegten freiwilligen Zielvorgaben für Emissionsreduzierungen voraussichtlich nicht einhalten werden, hat die Kommission im Februar 2007 eine umfassende neue Strategie zur Minderung der CO_2-Emissionen von Personenkraftwagen vorgeschlagen,[113] basierend auf verbindlichen Rechtsvorschriften. Die neue Kommissionsstrategie schreibt vor, dass die durchschnittlichen Emissionen von in der EU verkauften Neuwagen bis 2012 das Ziel von 120 g CO_2/km erfüllen müssen. Der dazu verfolgte integrierte Ansatz sieht vor, CO_2-Emissionswerte von 130 g/km durch verbesserte Fahrzeugmotorentechnologie zu erzielen und eine zusätzliche Senkung um 10 g/km durch ergänzende Maßnahmen zu erreichen. Zu den ergänzenden Maßnahmen gehören Effizienzverbesserungen bei den Fahrzeugkomponenten, die den Kraftstoffverbrauch am stärksten beeinflussen (z. B. Reifen und Klimaanlagen), und ein erhöhter Einsatz von Biokraftstoffen. Um das in der Strategie genannte Ziel bis 2012 zu erreichen, hat die Kommission dem Rat und dem Europäischen Parlament im Dezember 2007 einen entsprechenden Verordnungsvorschlag unterbreitet.[114]

Am 8. 6. 2007 hat der EU-Verkehrsrat die erste „Europäische Energiestrategie für den Verkehr" verabschiedet.[115] Schwerpunkte der künftigen Arbeit der europäischen Verkehrsminister sind die Kraftstoffreduktion und der zunehmende Einsatz alternativer und regenerativer Treibstoffe, und zwar sowohl im Straßen-

---

112 Mitteilung der Kommission an den Rat und das Europäische Parlament: Eine Strategie der Gemeinschaft zur Minderung der CO_2-Emissionen von Personenkraftwagen und zur Senkung des durchschnittlichen Kraftstoffverbrauchs, KOM (1995) 689 endg. vom 20. 12. 1995. Näher dazu s. bereits Kapitel II. A. 3.
113 Mitteilung der Kommission an den Rat und das Europäische Parlament: Ergebnisse der Überprüfung der Strategie der Gemeinschaft zur Minderung der CO_2-Emissionen von Personenkraftwagen mit leichten Nutzfahrzeugen, KOM (2007) 19 endg. vom 7. 2. 2007. S. jüngst auch die Mitteilung der Kommission an das Europäische Parlament, den Rat, den Europäischen Wirtschafts- und Sozialausschuss und den Ausschuss der Regionen: Für eine europaweit sicherere, sauberere und effizientere Mobilität: Erster Bericht über die Initiative „Intelligentes Fahrzeug", KOM (2007) 541 endg. vom 17. 9. 2007.
114 Vorschlag für eine Verordnung des Europäischen Parlaments und des Rates zur Festsetzung von Emissionsnormen für neue Personenkraftwagen im Rahmen des Gesamtkonzepts der Gemeinschaft zur Verringerung der CO_2-Emissionen von Personenkraftwagen und leichten Nutzfahrzeugen, KOM (2007) 856 endg. vom 19. 12. 2007.
115 Schlussfolgerungen des Rates zu einer europäischen Energiestrategie für den Verkehr (Strategie von Lissabon), 9943/1/07 REV 1. S. dazu auch http://www.consilium.europa.eu/ueDocs/cms_Data/docs/pressData/de/trans/94557.pdf.

als auch im Schiffsverkehr. Konkrete Maßnahmen wurden in der Strategie noch nicht festgelegt.

C. Schlussbemerkungen

Zentrale Aufgabe der EU wird es in nächster Zeit sein, die auf politischer Ebene gefassten verbindlichen Klimaschutzvorgaben rechtlich umzusetzen.[116] Die Klimastrategie der EU für die Zeit nach 2012 wird letztlich nur so gut sein wie die konkreten Maßnahmen zur Umsetzung der Zielvorgaben. Um die Ziele flexibel und kostenwirksam erreichen zu können, setzt die EU in zunehmendem Maße auf den Einsatz ökonomischer oder marktwirtschaftlicher Instrumente, in erster Linie Steuern und handelbare Emissionsrechte. So hat die Kommission im März 2007 ein Grünbuch über den Einsatz marktbasierter Instrumente als Bestandteil umwelt- und energiepolitischer Strategien angenommen.[117] Das Grünbuch konzentriert sich insbesondere darauf, die Energiesteuer-RL 2003/96/EG direkter auf die gemeinschaftlichen Energie- und Umweltziele auszurichten. Daneben soll die Emissionshandels-RL 2003/87/EG auf die Luftfahrt, die Schifffahrt und den Landverkehr erweitert werden. Auch sollen künftig NO_x- und SO_2-Emissionen in das Emissionshandelssystem einbezogen werden.[118] Im Juni 2007 hat die Kommission ein Grünbuch betreffend die Anpassung an den Klimawandel in Europa vorgelegt,[119] das die Klimaauswirkungen in Europa untersucht und die Gründe zum Handeln und die politischen Maßnahmen zur Bewältigung der sich wandelnden Klimabedingungen für die EU prüft.[120] Im Jänner 2008 hat die Kommission schließlich ein umfangreiches Energie- und Klimapaket zur Umsetzung der 2007 festgelegten europäischen Klimaschutzziele

---

116 Angemerkt sei in diesem Zusammenhang, dass das EU-Parlament im April 2007 die Einrichtung eines Sonderausschusses für Klimaschutz beschlossen hat. Das neue Gremium, das vorerst für ein Jahr bestellt ist, soll ressortübergreifend die Position des EU-Parlaments zu Fragen des Klimawandels erarbeiten, Daten analysieren, Maßnahmen vorschlagen bzw. deren wirtschaftliche und sozialen und regionalen Auswirkungen prüfen. Die konstituierende Sitzung des Klimaausschusses, dem 60 Mitglieder angehören, fand am 21. 5. 2007 statt. Vgl. dazu http://derstandard.at/druck/?id=2857682 bzw. http://www.europarl.europa.eu/comparl/tempcom/clim/default_en.htm.
117 Grünbuch: Marktwirtschaftliche Instrumente für umweltpolitische und damit verbundene politische Ziele, KOM (2007) 140 endg. vom 28. 3. 2007.
118 Vgl. dazu auch http://www.co2-handel.de/print_5011.html.
119 Grünbuch der Kommission an den Rat, das Europäische Parlament, den Europäischen Wirtschafts- und Sozialausschuss und den Ausschuss der Regionen: Anpassung an den Klimawandel in Europa – Optionen für Maßnahmen der EU, KOM (2007) 354 endg. vom 29. 6. 2007.
120 Vgl. dazu auch http://www.co2-handel.de/print_6027.html.

für die Zeit nach 2012 verabschiedet.[121] Das genannte Maßnahmenpaket enthält zahlreiche Richtlinien- bzw. Entscheidungsvorschläge, und zwar zur künftigen Gestaltung des Emissionshandelssystems,[122] zur Emissionssenkung in Sektoren, die nicht dem Emissionshandelssystem unterworfen sind (z. B. Verkehr, Gebäude, kleine Industrieanlagen, Land- oder Abfallwirtschaft),[123] zur geologischen CO_2-Speicherung[124] und zur Förderung erneuerbarer Energien.[125] Das Paket enthält ferner u. a. eine Mitteilung zur Rolle der Energieeffizienz.[126]

Bei all den Anstrengungen der EU im Bereich des Klimaschutzes ist zu bedenken, dass die Gemeinschaft den Klimawandel nicht im Alleingang bremsen kann, ist sie doch nur für rund 14 % des weltweiten Treibhausgas-Aufkommens verantwortlich, ein Wert, der im Zuge der Weiterentwicklung von Ländern wie China und Indien noch zurückgehen wird.[127] Die EU hat sich deshalb in letzter Zeit auch für ein neues internationales Klimaschutzabkommen nach Auslaufen des Kyoto Protokolls im Jahr 2012 stark gemacht, in das nicht nur die Industrieländer, sondern auch die Entwicklungsländer, insbesondere die wichtigsten

---

121 Vgl. dazu die Mitteilung der Kommission an das Europäische Parlament, den Rat, den Europäischen Wirtschafts- und Sozialausschuss und den Ausschuss der Regionen: 20 und 20 bis 2020. Chancen Europas im Klimawandel, KOM (2008) 30 endg. vom 23. 1. 2008.
122 Vorschlag für eine Richtlinie des Europäischen Parlaments und des Rates zur Änderung der Richtlinie 2003/87/EG zwecks Verbesserung und Ausweitung des EU-Systems für den Handel mit Treibhausgasemissionszertifikaten, KOM (2008) 16 endg. vom 23. 1. 2008.
123 Vorschlag für eine Entscheidung des Europäischen Parlaments und des Rates über die Anstrengungen der Mitgliedstaaten zur Reduktion ihrer Treibhausgasemissionen mit Blick auf die Erfüllung der Verpflichtungen der Gemeinschaft zur Reduktion der Treibhausgasemissionen bis 2020, KOM (2008) 17 endg. vom 23. 1. 2008.
124 Vorschlag für eine Richtlinie des Europäischen Parlaments und des Rates über die geologische Speicherung von Kohlendioxid und zur Änderung der Richtlinien 85/337/EWG und 96/61/EG des Rates sowie der Richtlinien 2000/60/EG, 2001/80/EG, 2004/35/EG, 2006/12/EG und der Verordnung (EG) 1013/2006, KOM (2008) 18 endg. vom 23. 1. 2008.
125 Vorschlag für eine Richtlinie des Europäischen Parlaments und des Rates zur Förderung der Nutzung von Energie aus erneuerbaren Quellen, KOM (2008) 19 endg. vom 23. 1. 2008.
126 Mitteilung der Kommission an das Europäische Parlament und den Rat über die erste Bewertung der durch die Richtlinie 2006/32/EG über Endenergieeffizienz und Energiedienstleistungen vorgeschriebenen nationalen Energieeffizienz-Aktionspläne: Gemeinsame Fortschritte bei der Energieeffizienz, KOM (2008) 11 endg. vom 23. 1. 2008.
127 Mitteilung der Kommission an das Europäische Parlament, den Rat, den Europäischen Wirtschafts- und Sozialausschuss und den Ausschuss der Regionen über die Halbzeitbewertung des Sechsten Umweltaktionsprogramms der Gemeinschaft, KOM (2007) 225 endg. vom 30. 4. 2007, 7.

Schwellenländer, eingebunden werden sollen.[128] Sie ist diesbezüglich jedenfalls mit gutem Beispiel vorausgegangen, indem sie beim EU-Gipfel im März 2007 weltweit erstmals verbindliche Vorgaben für die Zeit nach Auslaufen des Klimaschutzabkommens von Kyoto 2012 beschloss. Der entsprechende Vorstoß der EU hat bislang allerdings keine bis wenig Nachahmung gefunden.[129] So haben sich die G-8-Staaten im Juni 2007 beim diesjährigen G-8-Gipfel in Heiligendamm in Deutschland nur zur Erklärung durchgerungen, „eine Reduzierung der Treibhausgas-Emissionen bis zum Jahr 2050 um 50 % ernsthaft in Betracht zu ziehen". Immerhin haben alle G-8-Staaten den jüngsten UN-Klimabericht als wissenschaftliche Grundlage anerkannt und sich dazu bekannt, dass globale Klimaverhandlungen in erster Linie unter dem Dach der Vereinten Nationen stattfinden sollen. Die Verhandlungen über ein Nachfolgeabkommen für das Klimaschutzprotokoll von Kyoto sollen Ende des Jahres 2007 bei der 13. Vertragsstaatenkonferenz zur Klimarahmenkonferenz auf der indonesischen Insel Bali (COP 13) aufgenommen werden und bis zum Jahr 2009 abgeschlossen sein.[130] Bis dahin ist es allerdings noch ein sehr weiter Weg.

---

128 Zur Einbeziehung der Entwicklungsländer in den internationalen Klimaschutzprozess vgl. die Klimastrategie der Kommission, KOM (2007) 2 endg. vom 10. 1. 2007. Daneben möchte die EU den laufenden internationalen Klimaschutzprozess durch eine verstärkte Zusammenarbeit mit den besonders armen Entwicklungsländern, die dem Klimawandel am stärksten ausgesetzt sind, ergänzen und unterstützen. Zu diesem Zweck hat die Kommission im September 2007 in einer Mitteilung die Schaffung einer *Globalen Allianz gegen den Klimawandel zwischen der EU und den armen Entwicklungsländern*, insb. den am wenigsten entwickelten Ländern (LDC) und den kleinen Inselstaaten unter den Entwicklungsländern (SIDS) vorgeschlagen. Die Allianz soll ein Forum für Dialog und Austausch, aber auch für die praktische Zusammenarbeit zur Bewältigung der doppelten Herausforderung von Armutsbekämpfung und Klimawandel bieten. Näher dazu vgl. die Mitteilung der Kommission an den Rat und das Europäische Parlament: Schaffung einer Globalen Allianz gegen den Klimawandel zwischen der Europäischen Union und den am stärksten gefährdeten armen Entwicklungsländern, KOM (2007) 540 endg. vom 18. 9. 2007.
129 Einzig Norwegen hat sich noch ehrgeizigere Klimaschutzziele gesetzt, indem es bis 2020 seinen Ausstoß an Treibhausgasen um ein Drittel senken und bis 2050 eine Klimabilanz von Null erreichen will. Norwegen wäre somit der erste „Null-Emissions-Staat" weltweit, wonach für jede produzierte Tonne Treibhausgas an anderer Stelle eine Tonne eingespart werden muss. Näher dazu vgl. Umweltschutz H5/2007, 7.
130 Tatsächlich wurde auf der Konferenz von Bali beschlossen, Verhandlungen über ein weltweites Klimaschutzübereinkommen für die Zeit nach 2012 einzuleiten und diese auf der UN-Klimakonferenz im Dezember 2009 in Kopenhagen (COP 15) abzuschließen. Inzwischen haben am 31. 3. 2008 in der thailändischen Hauptstadt Bangkok die förmlichen Verhandlungen über ein neues UN-Klimaschutzabkommen begonnen. Näher dazu vgl. etwa *CO_2-Handel.de*, Beginn der Verhandlungen zum neuen UN-Klimaschutzabkommen – weitere Anstrengungen notwendig, http://www.co2-handel.de/print_8325.html bzw.

Die in diesem Beitrag behandelten Herausforderungen sollen abschließend mit einem Zitat des deutschen Bundespräsidenten *Horst Köhler* illustriert werden, der zum Thema Klimawandel unlängst folgenden Ausspruch tätigte: „Klimaschutz bedeutet nicht notwendigerweise Verzicht. Im Gegenteil: Wir werden in Zukunft auf viel mehr Wohlstand verzichten müssen, wenn wir nicht in den Klimaschutz investieren."[131]

German Watch, Eröffnung der UN-Klimakonferenz in Bangkok, http://www.german watch.org/presse/2008-03-31.htm.
131 Vgl. *Bundeszentrale für politische Bildung*, http://www.bpb.de/popup/popup_grafstat. html?url_guid=SK16RS.

Das Protokoll von Kyoto und seine weitere Entwicklung

*Gertraud Wollansky**

Der Klimaschutz auf internationaler Ebene stützt sich derzeit auf zwei Rechtsinstrumente: Das Klimarahmenübereinkommen, das 1992 am Erdgipfel in Rio de Janeiro angenommen wurde,[1] und das Protokoll von Kyoto, das 1997 bei der 3. Vertragsparteienkonferenz des Übereinkommens in Kyoto unterzeichnet wurde.

Das zentrale Element des Klimarahmenübereinkommens, das 1995 in Kraft getreten ist, ist das in Art. 2 festgeschriebene langfristige Ziel, nämlich eine Stabilisierung der anthropogenen Treibhausgasemissionen auf einem Niveau, bei dem eine gefährliche Störung des Klimasystems vermieden wird.[2] Dieses Ziel dient auch bei den derzeit stattfindenden Verhandlungen über die Zukunft des internationalen Klimaschutzes als Richtschnur, an dem alle künftigen Instrumente und Aktivitäten ausgerichtet sein sollen. Von weitaus geringerer Bedeutung ist inzwischen das kurzfristige Ziel geworden, die Stabilisierung der Treibhausgasemissionen der Industrieländer auf dem Niveau von 1990 bis zum Jahr 2000. Der Status dieses kurzfristigen Ziels nach Ablauf des Jahres 2000 ist umstritten, insbesondere im Hinblick auf die freiwillige Übernahme von Verpflichtungen unter Art. 4.2 (g) des Rahmenübereinkommens, wobei sich Vertragsparteien, die nicht dem Annex I des Übereinkommens angehören, durch Erklärung verpflichten können, dieses kurzfristige Ziel einzuhalten.

Art. 4.2 (a) und (b) des Rahmenübereinkommens sehen vor, dass die Angemessenheit der Verpflichtungen unter dem Übereinkommen im Hinblick auf die Erreichung des langfristigen Ziels regelmäßig überprüft werden soll. Erstmals erfolgte diese Überprüfung bereits bei der 1. Vertragsparteienkonferenz des Rah-

---

* Dr. *Gertraud Wollansky* ist stellvertretende Abteilungsleiterin der Abteilung Immissions- und Klimaschutz im Bundesministerium für Land- und Forstwirtschaft, Umwelt und Wasserwirtschaft.
1 Rahmenübereinkommen der Vereinten Nationen über Klimaänderungen, BGBl. 414/1994 idgF.
2 Art. 2: „Das Endziel dieses Übereinkommens und aller damit zusammenhängender Rechtsinstrumente, welche die Konferenz der Vertragsparteien beschließt, ist es, in Übereinstimmung mit den einschlägigen Bestimmungen des Übereinkommens die Stabilisierung der Treibhausgaskonzentrationen in der Atmosphäre auf einem Niveau zu erreichen, auf dem eine gefährliche anthropogene Störung des Klimasystems verhindert wird. Ein solches Niveau sollte innerhalb eines Zeitraums erreicht werden, der ausreicht, damit sich die Ökosysteme auf nützliche Weise den Klimaänderungen anpassen können, die Nahrungsmittelerzeugung nicht bedroht wird und die wirtschaftliche Entwicklung auf nachhaltige Weise fortgeführt werden kann."

menübereinkommens in Berlin 1995. Ergebnis dieser Überprüfung war die Feststellung, dass die Verpflichtungen unter der Konvention nicht ausreichen, um das langfristige Ziel zu erreichen. Daher beschloss die Konferenz das Berliner Mandat, mit dem ein Prozess begonnen wurde, der das Ziel hatte, die Vertragsparteienkonferenz in die Lage zu setzen, durch die Annahme eines Protokolls oder eines anderen Rechtsinstruments angemessene Maßnahmen zu ergreifen, einschließlich der Stärkung der Verpflichtungen der Annex I-Parteien. Mit der Durchführung des Prozesses wurde ein neu geschaffenes Unterorgan der Konferenz, die *Ad hoc* Group on the Berlin Mandate" (AGBM) beauftragt. Nach zweijährigen zähen und intensiven Verhandlungen konnte eine Einigung über das Kyoto Protokoll erzielt werden. Das Protokoll enthält Reduktions- bzw. Limitierungsziele für die Emissionen von sechs Treibhausgasen (Kohlendioxid, Methan, Distickstoffoxid („Lachgas"), HFKW, PFKW, Schwefelhexafluorid) in der Periode 2008 bis 2012 gegenüber 1990 (1995 für die drei letztgenannten Gase) für die in Annex B des Protokolls genannten Vertragsparteien. Weiters verpflichten sich die Industrieländer zu Maßnahmen zur Reduktion der Emissionen von Treibhausgasen in verschiedenen Sektoren, darunter Verkehr und Abfallwirtschaft. Eine Ausnahme besteht für die Emissionen von Treibhausgasen aus dem internationalen Flug- und Schiffsverkehr, die nicht in den Treibhausgasinventuren der Vertragsparteien aufscheinen. Die in Annex I des Rahmenübereinkommens genannten Vertragsparteien werden aufgefordert, Limitierungen oder Reduktionen der Emissionen aus diesen Sektoren durch die zuständigen internationalen Organisationen, nämlich die International Civil Aviation Organization (ICAO) für den Flug- und die International Maritime Organization (IMO) für den Schiffsverkehr, zu erzielen. Das Protokoll enthält keine quantifizierten Verpflichtungen für nicht in Annex B genannte Parteien; dazu gehören auch zwei der neuen EU-Mitgliedstaaten, nämlich Malta und Zypern.

Die Europäische Gemeinschaft, die Vertragspartei des Übereinkommens und des Protokolls ist, und die 15 Staaten, die zum Zeitpunkt der Unterzeichnung des Protokolls Mitgliedstaaten der EU waren, haben gemäß Annex B des Protokolls jeweils die Verpflichtung übernommen, in der Periode 2008 bis 2012 nicht mehr als 92 % der Emissionen des Basisjahres 1990 zu emittieren, also ein Reduktionsziel von 8 %. Die seither der EU beigetretenen Staaten haben (mit Ausnahme von Malta und Zypern) mehrheitlich ebenfalls ein Reduktionsziel von 8 %; Ungarn und Polen haben sich zu jeweils 6 % Reduktion verpflichtet).

Gemäß Art. 4 des Kyoto Protokolls können Annex I-Parteien übereinkommen, ihre Reduktionsziele völkerrechtlich verbindlich untereinander neu aufzuteilen. Wenn es sich dabei um Mitglieder einer regionalen Wirtschaftsintegrations-Organisation handelt, kann sich diese Übereinkunft nur auf jene Parteien beziehen, die bereits zum Zeitpunkt der Annahme des Protokolls Mitglieder der Organisation waren. Die Parteien einer solchen Übereinkunft notifizieren dem Sekretariat des Rahmenübereinkommens am Tag der Hinterlegung der Ratifikationsurkunde diese Übereinkunft. Die EU hat von dieser Möglichkeit Gebrauch gemacht; die 15 „alten" Mitgliedstaaten haben das 8 %-Reduktionsziel im Rahmen der „EU-Lastenaufteilung" neu verteilt, wobei Österreich völkerrechtlich verbindlich ein Reduktionsziel von 13 % übernommen hat.[3] Die Übereinkunft gilt für die Dauer der Periode 2008 bis 2012 gemäß Art. 3.7 des Protokolls; eine EU-Lastenaufteilung für weitere Verpflichtungsperioden ist also von einer Änderung der entsprechenden Bestimmungen abhängig. Wenn die gesamten Emissionen der Parteien, die sich zusammengeschlossen haben, ihre zugeteilten Mengen nicht übersteigen, gelten die quantifizierten Verpflichtungen aller Parteien, die der Übereinkunft angehören, als eingehalten. Wenn allerdings durch Mehremissionen einer oder mehrerer Parteien, die nicht durch zusätzliche Reduktionen in anderen Parteien, die der Übereinkunft angehören, abgedeckt sind, die gesamten Emissionen die zugeteilten Mengen übersteigen, ist jede Partei für ihre Verpflichtung unter der Übereinkunft verantwortlich.

Eine Besonderheit stellt die In-Kraft-Tretens-Bestimmung des Protokolls dar: Voraussetzung für das In-Kraft-Treten ist die Ratifikation durch 55 Parteien des Klimarahmenübereinkommens, die 55 % der Emissionen des Jahres 1990 der in Annex I des Übereinkommens genannten Parteien abdecken. Das In-Kraft-Treten des Protokolls wurde daher durch den Ausstieg der USA, die ca. 25 % der relevanten Emissionen verursachen, massiv in Frage gestellt. Eine jahrelange Schwebesituation wurde durch die entscheidende Ratifikation durch Russland (verantwortlich für 17 % der relevanten Emissionen), die schließlich im November 2004 erfolgte, beendet. Das Protokoll trat am 16. 2. 2005 in Kraft.

Das Protokoll enthält mehrere in internationalen Umweltübereinkommen bisher nicht gebräuchliche Elemente. Hervorzuheben sind in diesem Bereich neben dem Einhaltungsregime, das Sanktionen für Vertragsparteien vorsieht, die ihre Verpflichtungen, insbesondere die quantifizierten Emissionsreduktions- bzw. -limitierungsverpflichtungen nicht einhalten, die so genannten flexiblen Mechanismen, die die Verpflichtung zu quantifizierten Emissionsreduktionen durch die Möglichkeit abfedern, Reduktionen, die in anderen Staaten erfolgen, zu kaufen und für die eigene Zielerreichung zu verwenden. Das Protokoll kennt drei derartige Mechanismen:

- Internationaler Emissionshandel (IET) zwischen Parteien, die in Annex I des Übereinkommens genannt sind; Transaktionen im Rahmen des IET können

---

3   Schlussfolgerungen des Rates (Umwelt) vom 16. und 17. 6. 1998 (Dok. 9702/98).

ab der Etablierung der „zugeteilten Menge", des „Assigned Amounts" gemäß Annex B des Protokolls durchgeführt werden. Gehandelt werden Assigned Amount Units (AAUs), wobei ein AAU einer Tonne Kohlendioxidäquivalent entspricht. Dabei handelt es sich um jene Menge an Emissionen, die der Vertragspartei gemessen an den Emissionen des Basisjahres gemäß der in Annex B des Protokolls festgeschriebenen Prozentzahl während der Periode 2008 bis 2012 im Durchschnitt erlaubt sind.

- Joint Implementation (JI) beschreibt Projekte, die Treibhausgasemissionen in Ländern, die eine Verpflichtung gemäß Annex I des Klimarahmenübereinkommens übernommen haben (im weiteren Sinn Industrieländer), reduzieren. Die Einheiten, die durch JI-Projekte erzeugt werden und ebenfalls jeweils einer Tonne Kohlendioxidäquivalent entsprechen, werden Emission Reduction Units (ERUs) genannt. Abhängig von der Erfüllung gewisser Voraussetzungen können Staaten entweder den administrativ einfacheren und daher von den Transaktionskosten her erheblich günstigeren „Track 1", der eher dem Emissionshandel ähnlich ist, oder den komplizierteren, mehr dem Clean Development Mechanism (siehe unten) ähnlichen „Track 2" verwenden.[4] Ebenso wie beim internationalen Emissionshandel ist die Etablierung des Assigned Amount Voraussetzung für die Abwicklung von Transaktionen, da es sich bei den ERUs, die transferiert werden, um AAUs handelt, die vom Verkäuferstaat umgewandelt werden.

- Der Clean Development Mechanism (CDM) umfasst Projekte, die Treibhausgasemissionen reduzieren, die in Ländern stattfinden, die nicht dem Annex I des Klimarahmenübereinkommens angehören, zur nachhaltigen Entwicklung in diesen Gastländern beitragen und den Annex I-Parteien, die als Käufer auftreten, bei der Erreichung ihrer Kyoto-Ziele helfen. Anders als beim internationalen Emissionshandel und bei Joint Implementation-Projekten können auch Reduktionen, die bereits ab dem Jahr 2000 durch Projekte, die den Kriterien entsprechen, erzeugt wurden, angerechnet werden.[5] Das Prozedere für CDM-Projekte ist allerdings auf Grund der einschlägigen Beschlüsse der 7. Vertragsparteienkonferenz in Marrakesch relativ kompliziert, langwierig und

---

4 Bisher wurde aus Sicherheitserwägungen kaum vom Track 1 Gebrauch gemacht, da die meisten Gastländer, aber auch die Käuferländer die Anforderungen für den Track 1 noch nicht erfüllen und daher nicht gewährleistet ist, dass die Transaktionen ab dem Jahr 2008 tatsächlich unter diesen Modalitäten abgewickelt werden können.

5 Dieser „prompt start" gibt dem CDM trotz des komplizierten Prozedere einen erheblichen Marktvorteil gegenüber JI, der noch dadurch gesteigert wird, dass auf Grund der Richtlinie über ein System für den Handel mit Treibhausgasemissionszertifikaten in der Gemeinschaft, RL 87/2003/EG, JI-Projekte in EU-Ländern nur in Ausnahmefällen und jedenfalls nur bis 2012 zulässig sind.

daher auch kostenintensiv.[6] Anders als beim internationalen Emissionshandel und bei JI sind die durch die Projekte generierten Emissionsreduktionen nicht Teile der zugeteilten Menge der Annex B-Parteien, sondern werden auf Beschluss des Executive Board des CDM ausgeschüttet. Aus diesem Grund muss besonderes Augenmerk auf die Integrität des Mechanismus gelegt werden, da durch die Akzeptanz von Projekten, die besonders das Kriterium der Zusätzlichkeit nicht erfüllen, oder die Ausschüttung von mehr „Certified Emission Reductions" (CERs), als das Projekt tatsächlich Reduktionen erzeugt, die Ziele der Annex B-Parteien verwässert würden.

Personen des privaten oder öffentlichen Rechts können von den Vertragsparteien ermächtigt werden, an den Mechanismen teilzunehmen.

Zur Teilnahme am internationalen Emissionshandel und an Joint Implementation ist es für die beteiligten Annex I-Parteien Voraussetzung, dass die Emissionen des Basisjahres gemäß den „Revised 1996 Guidelines for National Greenhouse Gas Inventories of the Intergovernmental Panel on Climate Change" festgelegt wurden. Die Einheiten aus allen drei Mechanismen können nur dann transferiert werden, wenn die nationalen Register des Verkäufer- und des Käuferlandes an das International Transaction Log, das beim Sekretariat des Übereinkommens geführt wird, angeschlossen sind.

Der EU-interne Emissionshandel auf Unternehmensebene gemäß der Emissionshandelsrichtlinie fand in der Periode 2005 bis 2007 noch unabhängig vom internationalen Emissionshandel statt; ab 2008 wird das EU-System mit dem internationalen Handel verknüpft.

Gemäß Art. 3.9 des Protokolls soll die Konferenz der Vertragsparteien des Protokolls spätestens sieben Jahre vor dem Ende der ersten Verpflichtungsperiode Erwägungen über Verpflichtungen für folgende Perioden für Annex I-Parteien aufnehmen. Bei der 1. Vertragsparteienkonferenz des Protokolls in Montreal 2005 wurde ein neues Unterorgan der Konferenz, die *„Ad hoc* Working Group on Article 3.9", eingerichtet, das diese Arbeit ausführen soll.[7] Gleichzeitig wurde auch ein Dialog unter dem Rahmenübereinkommen ins Leben gerufen, der

---

6 Unter anderem muss jedes Projekt eine vom Executive Board des CDM anerkannte Methodologie verwenden, der Projektbetreiber muss den Nachweis erbringen, dass das Projekt Emissionsreduktionen erbringt, die zusätzlich zu den Reduktionen sind, die ohnehin erfolgen würden, das Projekt muss von einer vom EB zugelassenen Einrichtung validiert und anschließend vom EB akzeptiert werden. Dieses Prozedere kann mehrere Jahre dauern und ist nicht immer erfolgreich.
7 1. Konferenz der Vertragsparteien, Entscheidung 1/CMP.1.

im Rahmen von Workshops über Maßnahmen in Nicht-Annex I-Ländern beraten sollte.[8]

Die EU hat ihre Position für die weiteren Verhandlungen über das internationale Klimaregime nach 2012 in den Schlussfolgerungen des Europäischen Rates vom März 2007 festgelegt.[9] Darin wird festgehalten, dass der Anstieg der globalen Durchschnittstemperatur auf höchstens 2 Grad Celsius gegenüber dem vorindustriellen Niveau begrenzt werden muss. Verhandlungen über eine globale und umfassende Vereinbarung für die Zeit nach 2012, die auf der Architektur des Kyoto Protokolls aufbauen, diese erweitern und einen fairen und flexiblen Rahmen für eine möglichst breite Beteiligung bieten soll, sollten nach Ansicht der EU-Staats- und Regierungschefs bei der Vertragsparteienkonferenz in Bali Ende 2007 eingeleitet werden. Das Ziel der EU ist es, die Treibhausgasemissionen bis 2020 gegenüber 1990 um 30 % zu reduzieren und auf diese Weise zu einer globalen und umfassenden Vereinbarung für die Zeit nach 2012 beizutragen, sofern sich andere Industrieländer zu vergleichbaren Emissionsreduzierungen und die wirtschaftlich weiter fortgeschrittenen Entwicklungsländer zu einem ihren Verantwortlichkeiten und jeweiligen Fähigkeiten angemessenen Beitrag verpflichten. Bis 2050 ist das Ziel die gemeinsame Verringerung der Emissionen um 60 bis 80 % gegenüber 1990. Unabhängig von einer internationalen Vereinbarung verpflichtet sich die EU, ihre Treibhausgasemissionen bis 2020 um 20 % zu verringern. Die Europäische Kommission hat angekündigt, im Jänner 2008 ein Paket von Entwürfen vorzulegen, mit deren Umsetzung dieses Ziel erreicht werden soll; dazu gehört auch ein Entwurf für eine Änderung der Emissionshandelsrichtlinie.

Durch entsprechende Beschlüsse der 13. Vertragsparteienkonferenz des Übereinkommens und der 3. Vertragsparteienkonferenz des Protokolls im Dezember 2007 in Indonesien[10] wurde die Grundlage für Verhandlungen über eine globale und umfassende Post- 2012-Klimavereinbarung gelegt, die bei der Vertragsparteienkonferenz 2009 in Kopenhagen abgeschlossen sein sollen, damit keine Lücke zwischen dem Verpflichtungszeitraum 2008 bis 2012 und dem nächsten Verpflichtungszeitraum entsteht.

---

8 1. Konferenz der Vertragsparteien, Entscheidung 1/CP.11.
9 Schlussfolgerungen des Vorsitzes des Europäischen Rates (Brüssel), 8./9. 3. 2007, 7224/1/07REV 1.
10 Entscheidung 1/CP.13.

Völkerrecht, Europarecht und Internationales Wirtschaftsrecht

Herausgegeben von Peter Hilpold und August Reinisch

Band 1 Florian Razesberger: The International Criminal Court. The Principle of Complementarity. 2006.

Band 2 Christian Wimpissinger: Steuerliche Verlustverrechnung nach EG-Recht. 2006.

Band 3 Christina Knahr: Participation of Non-State Actors in the Dispute Settlement System of the WTO: Benefit or Burden? 2007.

Band 4 Daniela Kröll: Toward Multilateral Competition Law? After Cancún: Reevaluating the Case for Additional International Competition Rules Under Special Consideration of the WTO Agreement. 2007.

Band 5 Georg Nolte / Peter Hilpold (Hrsg.): Auslandsinvestitionen – Entwicklung großer Kodifikationen – Fragmentierung des Völkerrechts – Status des Kosovo. Beiträge zum 31. Österreichischen Völkerrechtstag 2006 in München. 2008.

Band 6 Irmgard Marboe: Die Berechnung von Entschädigung und Schadenersatz in der internationalen Rechtsprechung. 2008.

Band 7 Peter Neumann: United Nations Procurement Regime. Description and Evaluation of the Legal Framework in the Light of International Standards and of Findings of an Inquiry into Procurement for the Iraq Oil-for-Food Programme. 2008.

Band 8 Kirsten Schmalenbach / Wolfgang Benedek (Hrsg.): Von Terrorismusbekämpfung bis Klimaschutz. Beiträge zum 32. Österreichischen Völkerrechtstag 2007 in Altaussee. 2008.

www.peterlang.de

Georg Nolte / Peter Hilpold (Hrsg.)

Auslandsinvestitionen – Entwicklung großer Kodifikationen – Fragmentierung des Völkerrechts – Status des Kosovo

Beiträge zum 31. Österreichischen Völkerrechtstag 2006 in München

Frankfurt am Main, Berlin, Bern, Bruxelles, New York, Oxford, Wien, 2008.
269 S., zahlr. Tab. und Graf.
Völkerrecht, Europarecht und Internationales Wirtschaftsrecht.
Herausgegeben von Peter Hilpold und August Reinisch. Bd. 5
ISBN 978-3-631-57360-0 · br. € 45.50*

Bei dem jährlich stattfindenden Österreichischen Völkerrechtstag wechseln sich Berichte aus der aktuellen Völkerrechtspraxis mit wissenschaftlichen Vorträgen ab. Der Völkerrechtstag 2006 war vier zentralen Themen gewidmet: Das Panel zum internationalen Investitionsschutzrecht befasste sich mit der Unterscheidung zwischen indirekter Enteignung und zulässiger Regulierung, der dogmatischen Neuordnung des Investitionsschutzrechts sowie Problemen bei der Berechnung von Entschädigung und Schadensersatz und der Beteiligung von Dritten in Investitionsschutzverfahren. Ein weiteres Panel setzte sich mit der Anpassungsfähigkeit sogenannter „Großer Kodifikationen" an rechtliche und gesellschaftliche Neuerungen auseinander. Das Panel zur Fragmentierung des Völkerrechts vertiefte dieses Thema. Die Zukunft des Kosovo wurde schließlich mittels einer völkerrechtlichen Analyse der Statusfrage und der Rolle der EU im Statusprozess beleuchtet.

Aus dem Inhalt: Neue Entwicklungen im internationalen Investitionsschutzrecht · Die Bedeutung der großen Kodifikationsvorhaben für die Entwicklung des Völkerrechts · Die Fragmentierung des Völkerrechts · Die Zukunft des Kosovo aus völkerrechtlicher Sicht

Frankfurt am Main · Berlin · Bern · Bruxelles · New York · Oxford · Wien
Auslieferung: Verlag Peter Lang AG
Moosstr. 1, CH-2542 Pieterlen
Telefax 0041(0)32/3761727

*inklusive der in Deutschland gültigen Mehrwertsteuer
Preisänderungen vorbehalten
Homepage http://www.peterlang.de